JN299784

復刊

フーリエ結像論

小瀬輝次 著

共立出版株式会社

序　文

　著者が初めて波動光学的な結像論に接したのは，1949年ごろ，ゼルニケの位相差顕微鏡が我が国に紹介されたときであった．この理論は今から思うとフーリエ結像論にほかならない．しかし当時は幾何光学と波動光学は，たとえていうと，母屋と離れのようであり，その距離もサンダルをつっかけて行き来するくらい離れているように思えた．しかし，今日ではこの両者は一つ部屋になってしまっている．

　1950年代初期から始まったOTFの研究，中期から60年代にかけての光学フィルター理論，コヒーレンス理論，1960年代から今日までのホログラフィの研究と，我が国の光学研究は過去30年間，まことににぎやかであり，活気にあふれていた．この30年間の個々の研究を建築工事にたとえると，これらは設計理念をOTFとする光学結像理論の増改築工事であり，結果として上記のように母屋と離れを一つ部屋にまで改造してしまったとみることができる．

　この改造工事の手伝いをやった著者が，OTFを中心に，変調理論を道具として，こと改造工事の一側面を記述したのが本書である．

　せっかく新しい部屋ができたので，それにふさわしい名前として「フーリエ結像論」と名付けたわけである．

　本書は1970年に7回にわたって光学ニュースに連載した講義——光学系の空間周波数特性——その概念とレンズ評価をもとにして構成したものである．

　原稿の段階で不備の点を多々修正して下さった電気通信大学 工学博士 武田光夫君に厚くお礼を申し上げる．彼のおかげで本書を活字にする自信を得ることができた．

　また，図，写真を心よく提供，あるいは引用させて下さった諸先輩，友人の方々に厚くお礼申し上げる．出版にあたっては編集部の佐藤邦久氏には本書の

序文

企画以来，また校正にあたっては野村みさお氏にたいへんお世話になった．ここに厚くお礼申し上げる次第である．

1979年9月

小瀬 輝次

目　次

第1章　序　論

1.1　光学系の結像 ………………………………………………………………… 1
1.2　正弦波格子の光学像 ………………………………………………………… 6
1.3　光学系の空間周波数特性 …………………………………………………… 9
1.4　フーリエ級数展開とフーリエ積分 ………………………………………… 12
1.5　フーリエ合成 ………………………………………………………………… 16
1.6　フーリエ分析 ………………………………………………………………… 19
　　　文　献 ………………………………………………………………………… 24

第2章　光学系の空間周波数特性の理論

2.1　OTF の定義 …………………………………………………………………… 25
2.2　OTF と光学系の瞳関数 ……………………………………………………… 31
2.3　コヒーレント光学系の空間周波数特性 …………………………………… 42
2.4　カスケードなレンズ系の OTF ……………………………………………… 46
　　　文　献 ………………………………………………………………………… 48

第3章　コヒーレンシイと空間周波数特性

3.1　相互強度 ……………………………………………………………………… 49
3.2　等価光源 ……………………………………………………………………… 54
3.3　部分的コヒーレント光学系の結像 ………………………………………… 57
3.4　カスケードな光学系の空間周波数特性 …………………………………… 71

文　献……………………………………………………… 73

第4章　線形回路と光学系の対応

4.1　因果律と回路の伝達関数………………………………… 74
4.2　インコヒーレント照明とOTF…………………………… 77
　　　文　献……………………………………………………… 85

第5章　OTFの概念の応用

5.1　複スリット光学系………………………………………… 87
5.2　再回折光学系……………………………………………… 91
5.3　像改良……………………………………………………… 98
5.4　光学的振幅変調…………………………………………… 107
　　　文　献……………………………………………………… 122

第6章　レンズ系のOTFの計算

6.1　波面収差…………………………………………………… 125
6.2　自己相関法によるOTFの計算…………………………… 129
6.3　幾何光学的OTFの計算…………………………………… 134
6.4　二重変換法によるOTFの計算…………………………… 143
　　　文　献……………………………………………………… 156

第7章　レンズ系のOTFの測定

7.1　測定法の種類……………………………………………… 157
7.2　コントラスト法…………………………………………… 158
7.3　フーリエ変換法…………………………………………… 162
7.4　自己相関法………………………………………………… 169
7.5　相互相関法………………………………………………… 173
7.6　ホログラムを利用する方法……………………………… 174

7.7　OTF 測定機 ………………………………………………… 177
7.8　測定機精度の比較………………………………………… 186
7.9　白色光 OTF ………………………………………………… 188
　　 文　献…………………………………………………………… 196

第8章　OTF によるレンズ評価法

8.1　点像強度分布に基づく評価……………………………………… 200
8.2　特定の物体像による評価………………………………………… 206
8.3　OTF を用いた評価 ………………………………………………… 210
8.4　評価量の比較………………………………………………………… 216
8.5　物理的評価量と主観的評価量との関係……………………… 219
　　 文　献…………………………………………………………… 220

　　 索　引…………………………………………………………… 223

I
序　論

1.1　光学系の結像

　幾何光学で扱う結像は平面物体の輪郭のみを考え，その大きさが像面で正しく物体に比例し，また輪郭の線も鮮鋭であるかどうかを調べることである．ここで扱う結像とは平面物体の強度分布が像面でどんな強度分布になるかを調べることである．

　結像光学系による点物体の像は幾何光学的に考えて，もし収差がなければ幾何学的な点となる．しかし実際はたとえ無収差であっても光学系の枠のため光の回折が生じ，図 1.1 (a) に示すように中心に明るいスポット，周囲に暗いけれども多数のリングをもつ像となる．これはエアリーの像といわれ，中心の明るい部分をエアリーの円板という．その半径は光学系の開口の大きさにより変化する．

　また収差がある場合は幾何光学的にも光線は点物体の共役像点を中心にばらつくので，上記の回折のほかにこの収差の影響を受けて図 1.1 (b) のように複雑な形をした像になる．この形は，開口の形，収差の種類とその混合の割合によりいろいろの形を示す．

1. 序　論

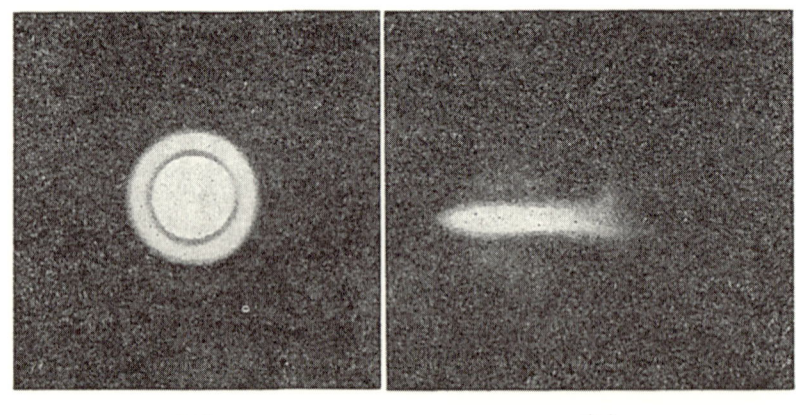

(a) (b)

図 1.1　レンズの点像の強度分布

(a)　無収差レンズ：焦点距離 10 m, 開口 5 mmϕ（田中堅一氏（東大生研）提供），(b)　収差のあるレンズ：8 mm 用カメラレンズの画面周辺部（森住雅明氏（マミヤ光機）提供）.

　このような光学系の点像の広がりの強度分布を **点像の強度分布**（point spread function, PSF）という.

　物体を点の集合と考えると像の強度分布はこのような点像の重ね合わせであるので，物体の強度分布とは違ったものになる.

　物体平面内の点物体 Q'，その近傍の任意の位置にある $Q_i{}'$ 点を考え，像平面内のこれらの共役像点をそれぞれ Q, Q_i とする. Q 点における点像の強度分布は，Q 点を原点とし局所的に直角座標 u, v をとり，$PSF(u,v)$ と書くことにする. 同様に Q_i 点の点像の強度分布は Q_i 点に原点をとり，u, v 軸にそれぞれ平行に u_1, v_1 軸をとり，$PSF(u_1,v_1)$ と表わす. ただし，Q_i 点の点像の強度分布は Q 点のそれと形は変わらないものとする.

　Q_i 点の点像の強度分布が Q 点の近傍の点 $\hat{Q}(u,v)$ に及ぼす寄与は，図 1.2 のように Q_i 点の座標を Q 点を原点として u_i, v_i とすると，Q_i 点を原点とする座標系における $\hat{Q}$ 点の位置 $(-u_1, -v_1)$ との間に $u-u_1=u_i$, $v-v_1=v_i$ の関係が成立するので $PSF(u_1,v_1)$ を Q 点を原点とする座標系で表現すると，

これは $PSF(u-u_i, v-v_i)$ で与えられる.

したがって，もし図1.3(a)のように像平面内で Q_i 点が離散的に N 個分布しているときは各点からの Q 点の近傍の $\hat{Q}(u,v)$ 点への寄与は，それぞれの強度が和の形で合成されるので

$$\sum_{i=1}^{N} PSF(u-u_i, v-v_i) \quad (1.1)$$

で与えられる.

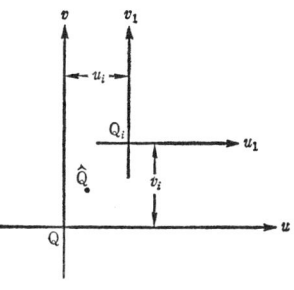

図1.2 局所的像面座標

もし Q_1 点近傍の $\hat{Q}_1(u_1, v_1)$ 点への寄与を考える場合は，上式の u, v に

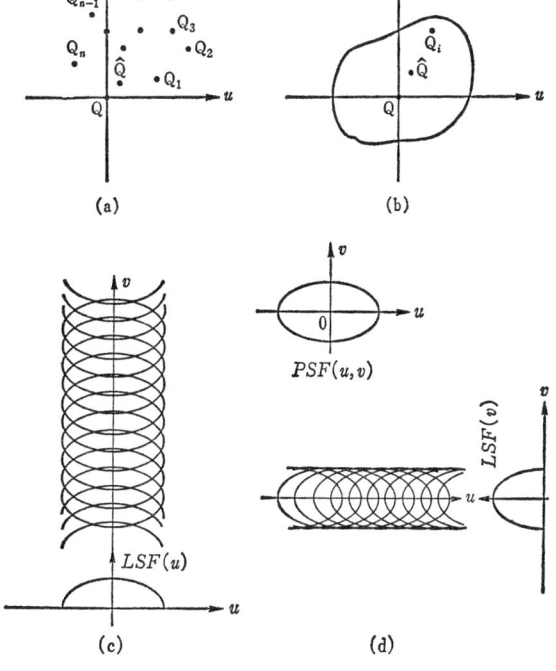

図1.3 インコヒーレント光源
（a）点光源が点在する光源，（b）大きさをもつ光源，（c）v 方向の線光源に対する像，（d）u 方向の線光源に対する像.

Q_1 点の座標値を代入すればよい．

さて Q_i 点が物体の中の1点の共役像点であるとする．そして物体は点の集合であり，各点から出る光は互いに独立で干渉を起こさないとする．物体の単位面積 $d\sigma'$，これに対応する共役像面の単位面積 $d\sigma$ とし，物体の強度分布を $O(u',v')$ とすると Q_i' 点の放射束は $O(u_i',v_i')d\sigma'$ で与えられる．これに共役な Q_i 点の放射束は光学系の吸収を K_i として $K_iO(u_i,v_i)d\sigma$ で与えられる．したがって，この場合の Q_i 点を中心とする点像の強度分布は

$$K_iO(u_i,v_i)d\sigma PSF(u_1,v_1)$$

で与えられる．ここに $PSF(u_1,v_1)$ の次元は（強度/単位の放射束）である．物体の共役像 $O(u_i,v_i)$ の各点が Q 点の近傍 $\hat{Q}(u,v)$ 点に及ぼす寄与 $I(u,v)$ は $d\sigma=du_idv_i$ とおいて，また吸収 K_i は像面内で点像の強度分布が一定に保たれる範囲内では一様と考え，これを1とおいても一般性は失われないから

$$I(u,v)=\iint_{-\infty}^{+\infty}O(u_i,v_i)PSF(u-u_i,v-v_i)du_idv_i \qquad (1.2)$$

で与えられる．この積分は，二次元の**たたみこみ積分**あるいは**接合積**（convolution）といわれる．

式 (1.2) が成立するためにはすでに記したように三つの条件がある．その一つは式 (1.1) の場合，各点像の Q 点への寄与は強度和であるということである．一般に2点からくる光を重ね合わせると干渉現象を生じ，強度で考えると必ずしもそれぞれの強度和とはならない．極端な場合を考えると，いわゆるヤングの干渉実験でわかるようにその和は干渉縞をつくってしまう．それで強度和となる条件は二つの光の位相がそれぞれ全く独立に時間的にランダムであって，観測時間の平均をとると干渉現象が観測できない場合である．このような**光をインコヒーレントな光**という．これについては後章で議論することにするが，ここではこのインコヒーレントな光であることを条件としている．

いま一つは，重なり合う強度の総和が全体の強度であるということは強度についてこの系が**線形**（linear）であるということを仮定している．この線形とは，物体の強度を a 倍すると像の強度もそれに比例して a 倍となることであ

る．写真フィルムの場合，露光量を倍にしたからといって必ずしも黒化度は倍とはならない．このような場合には式 (1.1) および (1.2) を考えることはできない．

いま一つ，式 (1.2) では物体面のどこでも同じ点像 $PSF(u, v)$ が得られることを仮定している．実際のレンズではこのようなことはなく，物体面のごく限られた範囲内でのみ点像の形は不変に保たれる．この範囲を**アイソプラナティックな範囲**とよんでいる．したがって式 (1.2) の積分範囲は無限でなく有限である．しかし，線像の広がりがアイソプラナティックな範囲より十分小さければ積分の上下限は無限大と考えてよい．実際のレンズの場合は物体面を多数のアイソプラナティックな範囲に分割し，個々の範囲は線像より十分大きいとして，式 (1.2)を適用するようにしている．

$u-u_i=u_1$, $v-v_i=v_1$ であったから $-du_i=du_1$, $-dv_i=dv_1$ とおいて，式 (1.2) を u_1, v_1 について書き直すと

$$I(u,v)=\iint_{-\infty}^{+\infty}O(u-u_1,v-v_1)PSF(u_1,v_1)du_1dv_1$$

ここで，u_1, v_1 は単なる積分の媒介変数と考えて再び u_i, v_i と書くと

$$I(u,v)=\iint_{-\infty}^{+\infty}O(u-u_i,v-v_i)PSF(u_i,v_i)du_idv_i \tag{1.3}$$

の式を得る．

これは，接合積はどちらの関数をずらしても同じ形式でよいということを示している．すなわち物体をずらすようにしても，点像をずらすようにしても結果は同じであるということである．

物体がアイソプラナティックの範囲内でv方向に伸びた線光源の場合は物体は δ 関数を用いて $O(u_i,v_i)=\delta(u_i)$ とおけるから，これを式 (1.3) に代入すると

$$I(u)=\iint_{-\infty}^{+\infty}\delta(u-u_i)PSF(u_i,v_i)du_idv_i$$

$$= \int_{-\infty}^{+\infty} PSF(u, v_i) dv_i \qquad (1.4\text{-a})$$

すなわち図 1.3(c) に示すように v 方向に点像を積分したものになる．

同様に u 方向に伸びた線光源の場合は図 1.3(d) のように

$$I(v) = \int_{-\infty}^{+\infty} PSF(u_i, v) du_i \qquad (1.4\text{-b})$$

となる．

これら $I(u)$, $I(v)$ を**線像の強度分布** (line spread function, LSF) といい，$I(u)=LSF(u)$, $I(v)=LSF(v)$ と書くことにする．

もし v の延長が光軸を切るとき v 方向を**ラジアル方向** (radial direction) といい，これに直交する u 方向は**タンジェンシャル方向** (tangential direction) という．両者の中間の方向はラジアル方向からの角度 ψ で示す．これらを総称して**アジムス** (asimuth) という．

光学系の結像が式 (1.2) のように物体の強度分布と点像のコンボリューションで与えられることは，昔からよく知られていることである．たとえば，Strove[1] は理想レンズの線像を求めるのに図 1.1(a) のエアリーの像を式 (1.4) に代入してこれを求め，これが Strove 関数となることを示している．しかし，任意の物体と点像を与えたときの像を求めるためのコンボリューション積分は容易ではない．したがってこの場合，どのような像となるかの見通しを得ることは困難である．

1946 年 Duffuiex が彼の著書[2]の中で，コンボリューションについてのフーリエ積分の定理を用いると像のフーリエ変換は物体と点像のそれぞれのフーリエ変換の積となるから，コンボリューションを扱う代わりにフーリエ変換したもので扱うと結像性能を知るうえでたいへん見通しがよくなることを示した．これが光学系に空間周波数フィルターの概念が導入された始めである．

1.2　正弦波格子の光学像

格子の反射，あるいは透過光の強度分布が正弦波的に変化しているものを**正

弦波格子という．図 1.4 は順次格子間隔が狭まっていく連続的な正弦波格子の例である．ここでは簡単のために，一次元の正弦波格子をシリンドリカルレンズで等倍に結像する場合を考える．ただし，正弦波格子の大きさはレンズのアイソプラナティックの成立する範囲内におさまるものを考える[†]．

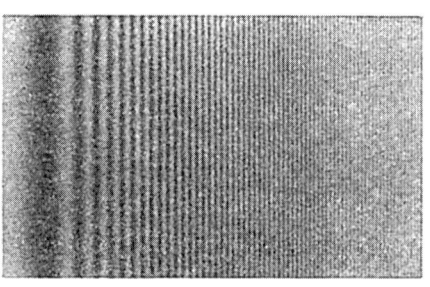

図 1.4 正弦波格子（畑田豊彦氏（NHK技研）提供）

格子に直角方向に座標 u をとり，強度分布は周波数 r として，一般に

$$O(u_i) = A + B \cos 2\pi r u_i \qquad (1.5)$$

と書ける．

また u に直角の v 方向に伸びた線像の強度分布を $LSF(u_i)$ とおき，これらを式 (1.3) に代入すると

$$I(u) = \int_{-\infty}^{+\infty} (A + B \cos 2\pi r(u - u_i) LSF(u_i) du_i$$

ここで $\int_{-\infty}^{+\infty} LSF(u_i) du_i = 1$ とおき（これは全光量を 1 と正規化することを意味する），また

$$\left. \begin{array}{l} C = \int_{-\infty}^{+\infty} LSF(u_i) \cos 2\pi r u_i \, du_i \\ S = \int_{-\infty}^{+\infty} LSF(u_i) \sin 2\pi r u_i \, du_i \end{array} \right\} \qquad (1.6)$$

とおくと

$$\begin{aligned} I(u) &= A + B\{C \cos 2\pi r u + S \sin 2\pi r u\} \\ &= A + B\sqrt{C^2 + S^2} \cos(2\pi r u - \varphi) \end{aligned} \qquad (1.7)$$

ただし

$$\varphi = \tan^{-1}\left(\frac{S}{C}\right)$$

となる．

[†] はみだした場合の誤差は Linfoot[4] の解析がある．

正弦波格子の像は物体と同じ周波数の正弦波格子であるがφだけ横ずれし，その振幅は $\sqrt{C^2+S^2}$ だけ変化することがわかる．縦軸に強度を，横軸にuをとってこれを示したのが図1.5である．細い実線が物体正弦波格子の強度分布，太い実線が像の正弦波格子の強度分布である．

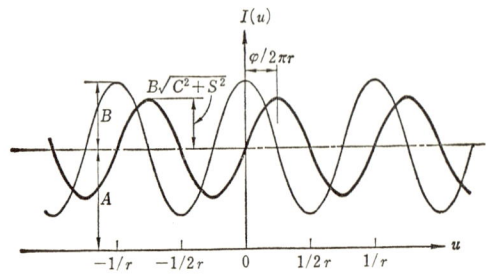

図 1.5 正弦波格子像の強度分布
細線：物体格子，太線：像格子．

周期性をもつ物体，あるいは像の1周期内の強度の最大値を$I(\mathrm{max})$，最小値を$I(\mathrm{min})$とおきモジュレイション（コントラスト）を

$$M = \frac{I(\mathrm{max})-I(\mathrm{min})}{I(\mathrm{max})+I(\mathrm{min})} \tag{1.8}$$

と定義する．

このモジュレイションを用いて上記の正弦波格子の結像を見ると，物体正弦波格子のモジュレイションM_oは式(1.5)から $I(\mathrm{max})=A+B$, $I(\mathrm{min})=A-B$, したがって $M_o=B/A$. 像のモジュレイションは式(1.7)から $I(\mathrm{max})=A+B\sqrt{C^2+S^2}$, $I(\mathrm{min})=A-B\sqrt{C^2+S^2}$. したがってモジュレイションを$M_i$と書くと

$$M_i = \sqrt{C^2+S^2}\left(\frac{B}{A}\right) = \sqrt{C^2+S^2}\, M_o \tag{1.9}$$

すなわち像の正弦波格子のモジュレイションは，物体のそれに$\sqrt{C^2+S^2}$を掛けたものである．

1.3 光学系の空間周波数特性

光学系の結像性能を数量的に表示するには像のぼけを数量的に表示することが必要である．物体を点物体の集合，あるいは一次元物体であれば線物体の集合と考えるとき点像，あるいは線像は結像性能のすべての情報を含んでいる．しかし，これらを数量的に表示するには強度分布曲線をそのまま用いる以外にはない．中心強度，半値幅などが用いられてはいるがこのような代表値を用いて表わされる結像性能は結局全性能のある一面を抽出して示したものになる．

そうかといって，ある特定の物体を性能表示用に選ぶと物体によっては物体に依存する性能を示すおそれもある．しかし，もし物体として正弦波格子を用いるとモジュレイションという一つの量でぼけを数量的に表示することができるので，性能表示用の物体としてはたいへん好ましい性質をもつ物体ということができる．

式（1.9）の正弦波格子の物体側と像側のモジュレイションの比 $\sqrt{C^2+S^2}$ は式（1.6）で見るように C, S と周波数 r の関数で，線像の強度分布にのみ依存し，物体には関係のない光学系固有の量である．そこで，格子間隔が粗いものから細かいものと多数の正弦波格子を用いて，物体側と像側のモジュレイションの比を測定し，周波数 r を横軸にとって，これをプロットすると図1.6(a)のような曲線を得る．この曲線は，物体に依存しない光学系固有の結像性能を表わしていることになる．

この正弦波格子は次節で述べるフーリエ変換によってさらに重要な意味づけをされるのであるが，以上のことからだけでも正弦波格子の有用性は十分理解できることと思う．

図1.6(a)はペッバール型のレンズの軸上基準像面における単色光 C 線と g 線の場合の値を示したものである．r の増大とともにモジュレイションの比 M_i/M_o が漸次減衰していく様子はこの図からわかるが，C 線の場合 $r=80$ lines/mm および 150 lines/mm で $M_i/M_o=0$ を示している．$M_i=0$ というのは格子のモジュレイションがないことで一様な明るさになることを意味し，

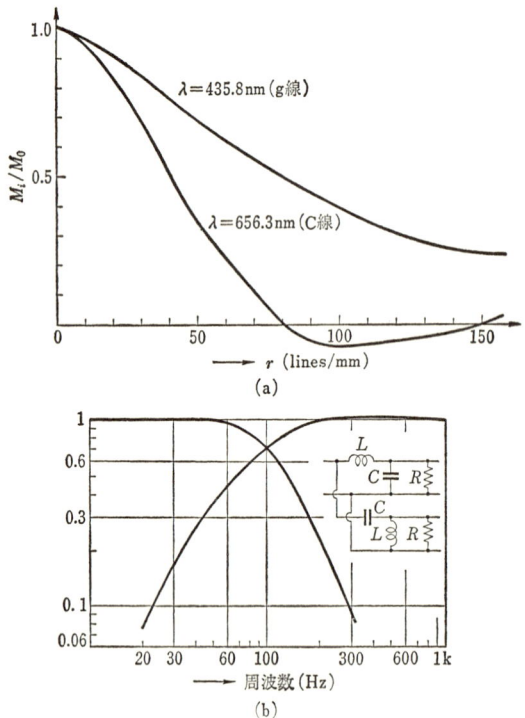

図 1.6 周波数依存性
(a) 正弦波格子モジュレイションの空間周波数依存性 (ベッバール型レンズ,軸上基準像面 JOERA 資料より), (b) 回路利得の周波数依存性 (分波回路の例).

昔は図の $r=80$ lines/mm の周波数をもって解像限界と考えていた. そしてそれ以上の周波数の格子が再び現われてくるとき, これを偽解像[5]と称していた. しかし図からもわかるように $M_i=0$ を示す周波数はレンズによっては幾つもあることになり, 現在では偽解像という言葉は用いられなくなっている. そして, レンズの開口で決まる $M_i=0$ を与える最大の周波数を**解像限界の周波数**というようになっている.

図の $r=80$ lines/mm から 150 lines/mm の間の格子はモジュレイションが負である. この負の意味は, 式 (1.7) をモジュレイション M_i を用いて書くと

$$I(u) = A\{1 + M_i \cos(2\pi ru - \varphi)\}$$

ここで $\varphi = \pm \pi$ の場合は

$$I(u) = A\{1 - M_i \cos(2\pi ru)\}$$

と書けるので，モジュレイションに負を導入すれば，これで $\pm \pi$ の位相のずれを表わすことができる．このとき物体格子の白い部分は像では黒い部分に，また黒い部分は像では白い部分になり，通常これを反転といっている．

吸収フィルターの透過率 T は入射光の強度 I_0，透過光の強度 I_T として

$$T = \frac{I_T}{I_0}$$

で定義される．吸収に分散があると，これは波長 λ の関数となり，$T(\lambda)$ と書け，これを分光透過率という．上式と式 (1.9) を比較すると，モジュレイションを I_0, I_T に対応させると $|\sqrt{C^2 + S^2}|$ は $T(\lambda)$ に相当する．

正弦波格子のモジュレイションを光学系の入出力と考えると，光学系はモジュレイションに対してフィルターと同じ作用をしていることがわかる．このことから，光学系は空間周波数フィルターであると考えてよいことになる．

式 (1.5) の正弦波格子の横座標 u を時間におき直すと，これは正弦波的に角周波数 ω で振動する交流電圧，すなわち

$$V = a \sin \omega t$$

と同じである（ただし直流分は除く）．これをインピーダンス $X(\omega)$ の回路の入力とし，出力として電流を考えるとすれば電流 I は

$$I = \frac{a \sin \omega t}{X(\omega)}$$

発振器から種々の周波数の正弦波を発振させ，回路の端末に高負荷をつけて回路の出力電圧の peak to peak 値（あるいは実効値）を測定すれば周波数 f を横軸にして図 1.6(b) のような利得曲線を描くことができる．これは回路の周波数特性といわれるものである．ある周波数以上で利得がなくなるとき，その限界の周波数をしゃ断周波数という．これは前の解像限界を与える周波数に対応するものである．これらのことから，図 1.6(a) の曲線も回路の周波数特性と全く同じ意味をもつものであることがわかる．

このように回路の場合は入力正弦波振動に対する出力正弦波振動の振幅比をとればよいのに，光学の場合は入，出力正弦波格子の単なる振幅でなくモジュレイションをとる．その理由は，正弦波格子が定数項を，いいかえれば平均強度をもっているためである．

1.4 フーリエ級数展開とフーリエ積分

前節では光学的な正弦波格子に対する光学系の性質，あるいは電気的な正弦波交流に対する回路の特性を調べたが，この正弦波格子あるいは正弦波交流がもついま一つの数学的な意味を考えてみる．

関数 $g(\alpha)$ が与えられたときパワー，あるいはエネルギーが有限であるという条件があると

  i) $g(\alpha)$ が周期関数のときは，その周期 L を基本周期とし $L/2, L/3, \cdots$ の周期の正弦波の合成として示せるというフーリエ級数展開[†]という直交展開の方法がある．すなわち

$$g(\alpha) = \frac{a_0}{2} + \sum_{n=1}^{\infty}\left(a_n \cos \frac{2\pi n\alpha}{L} + b_n \sin \frac{2\pi n\alpha}{L}\right)$$

$$= \sum_{n=-\infty}^{+\infty} C_n \exp\left[\frac{i 2\pi n\alpha}{L}\right] \quad (1.10)$$

  ii) また $g(\alpha)$ が $-\infty < \alpha < \infty$ の間で定義されている孤立関数の場合は，フーリエ級数展開の基本周期 L が無限大となった極限の場合と考えて，式(1.10) の類推から

$$g(\alpha) = \int_0^{\infty} a(\nu)\cos\nu\alpha\, d\nu + \int_0^{\infty} b(\nu)\sin\nu\alpha\, d\nu \quad (1.11)$$

で表わせるというフーリエ積分がある．

これらの定理は関数 $g(\alpha)$ を表わすのに α を横軸にとって $g(\alpha)$ の曲線を図示してもよいが，$g(\alpha)$ にフーリエ級数展開あるいはフーリエ積分を行って，a_0, a_n, b_n あるいは C_n，また $a(\nu), b(\nu)$ を ν を横軸にとって示しても，関数

[†] フーリエ級数展開，フーリエ積分についてはたとえば S. Goldman: *Frequency Analysis, Modulation and Noise* (McGraw-Hill Book Co., 1948)，細野敏夫，堀内和夫共訳：周波数解析・変調と雑音の理論（光琳書院，1964）に平易な解説がある．

の表示としては全く等価であることを示している．しかし，α 座標で表現される関数 $g(\alpha)$ の世界と ν 座標で表現される関数 $g(\alpha)$ の世界は別世界であって，$g(\alpha)$ に作用する光学系，回路の性質はこの ν 座標の世界では別な新しい作用として表現される．この ν 座標の世界では光学系がどのように作用するのかをみるのが本書の目的であるわけである．

式 (1.10) の係数 a_0, a_n, b_n, C_n をフーリエ係数というが，これは

$$\left.\begin{aligned} a_0 &= \frac{2}{L}\int_0^L g(\alpha)\,d\alpha \\ a_n &= \frac{2}{L}\int_0^L g(\alpha)\cos\frac{2\pi n\alpha}{L}\,d\alpha \\ b_n &= \frac{2}{L}\int_0^L g(\alpha)\sin\frac{2\pi n\alpha}{L}\,d\alpha \\ C_n &= \frac{1}{L}\int_0^L g(\alpha)\exp\left[\frac{-i\,2\pi n\alpha}{L}\right]d\alpha \end{aligned}\right\} \quad (1.12)$$

で与えられる．

また，式 (1.11) の $a(\nu)$, $b(\nu)$ は

$$\left.\begin{aligned} a(\nu) &= \frac{1}{\pi}\int_{-\infty}^{+\infty} g(\alpha)\cos\nu\alpha\,d\alpha \\ b(\nu) &= \frac{1}{\pi}\int_{-\infty}^{+\infty} g(\alpha)\sin\nu\alpha\,d\alpha \end{aligned}\right\} \quad (1.13)$$

で与えられる．

式 (1.11) をより簡単な形式にかえるため少々手を加える．すなわち式 (1.13) を

$$a(\nu) = \frac{1}{\pi}\overline{G}(\nu)\cos\phi(\nu)$$

$$b(\nu) = \frac{1}{\pi}\overline{G}(\nu)\sin\phi(\nu)$$

とおくと，式 (1.11) は

$$g(\alpha) = \frac{1}{\pi}\int_0^\infty \overline{G}(\nu)\cos(\nu\alpha-\phi(\nu))\,d\nu$$

と書ける．さらに式 (1.13) からわかるように $a(\nu)=a(-\nu)$, $b(\nu)=-b(\nu)$,

したがって $\overline{G}(\nu)=\overline{G}(-\nu)$, $\phi(\nu)=-\phi(\nu)$. これから,上式は以下のように書ける.

$$g(\alpha)=\frac{1}{2\pi}\int_{-\infty}^{+\infty}\overline{G}(\nu)\cos(\nu\alpha-\phi(\nu))\,d\nu$$

$$=\frac{1}{2\pi}\int_{-\infty}^{+\infty}\overline{G}(\nu)e^{i(\nu\alpha-\phi(\nu))}d\nu \qquad (1.14)$$

ただし

$$\overline{G}(\nu)=\pi\sqrt{a(\nu)^2+b(\nu)^2}$$

$$\phi(\nu)=\tan^{-1}\frac{b(\nu)}{a(\nu)}$$

である.

さて

$$G(\nu)=\int_{-\infty}^{+\infty}g(\beta)e^{-i\nu\beta}\,d\beta \qquad (1.15)$$

なる関数 $G(\nu)$ を定義し

$$\frac{1}{2\pi}\int_{-\infty}^{+\infty}G(\nu)e^{i\nu\alpha}\,d\nu$$

の積分を考えてみる. 式 (1.15) を上式に代入すると

$$\frac{1}{2\pi}\int_{-\infty}^{+\infty}d\nu\int_{-\infty}^{+\infty}g(\beta)e^{-i\nu(\beta-\alpha)}d\beta$$

$$=\frac{1}{2\pi}\int_{-\infty}^{+\infty}d\nu\left\{\int_{-\infty}^{+\infty}g(\beta)\cos[\nu(\beta-\alpha)]d\beta-i\int_{-\infty}^{+\infty}g(\beta)\sin[\nu(\beta-\alpha)]d\beta\right\}$$

第1項の β についての積分結果は ν に関して偶関数であるから

$$\text{第1項}=\frac{1}{\pi}\int_0^{\infty}d\nu\int_{-\infty}^{+\infty}g(\beta)\cos[\nu(\beta-\alpha)]\,d\beta$$

$$=\frac{1}{\pi}\int_0^{\infty}\left\{\int_{-\infty}^{+\infty}g(\beta)\cos\nu\beta\cdot d\beta\right\}\cos\nu\alpha\,d\nu$$

$$+\frac{1}{\pi}\int_0^{\infty}\left\{\int_{-\infty}^{+\infty}g(\beta)\sin\nu\beta\cdot d\beta\right\}\sin\nu\alpha\,d\nu$$

式 (1.13) を用いると

$$=\frac{1}{\pi}\int_0^{\infty}a(\nu)\cos\nu\alpha\,d\nu+\frac{1}{\pi}\int_0^{\infty}b(\nu)\sin\nu\alpha\,d\nu$$

$$=g(\alpha)$$

第2項は β についての積分結果は ν について奇関数となるから, ν の積分はゼロとなる. したがって

$$\frac{1}{2\pi}\int_{-\infty}^{+\infty}G(\nu)e^{i\nu\alpha}d\nu=g(\alpha) \qquad (1.16\text{-a})$$

これは式 (1.11) の複素数表示とみることができる.

式 (1.15) と (1.16) は同じ積分変数 α を用いて書いてもよいから

$$\left.\begin{array}{ll}\text{式 (1.15)} & G(\nu)=\displaystyle\int_{-\infty}^{+\infty}g(\alpha)e^{-i\nu\alpha}d\alpha \\[2mm] \text{式 (1.16\text{-a})} & g(\alpha)=\dfrac{1}{2\pi}\displaystyle\int_{-\infty}^{+\infty}G(\nu)e^{i\nu\alpha}d\nu\end{array}\right\} \qquad (1.16\text{-b})$$

式 (1.15) を**フーリエ変換**, 式 (1.16-a) を**フーリエ逆変換**という. また両者を一組と考えて**フーリエペア**という.

フーリエ係数や $G(\nu)$ をここでは原関数 $g(\alpha)$ の**フーリエスペクトル**とよぶことにする.

式 (1.16-b) のフーリエペアの関係から式 (1.14) を

$$g(\alpha)=\frac{1}{2\pi}\int_{-\infty}^{+\infty}[\overline{G}(\nu)e^{-i\phi(\nu)}]e^{i\nu\alpha}d\nu$$

と考えると

$$\overline{G}(\nu)e^{-i\phi(\nu)}=\int_{-\infty}^{+\infty}g(\alpha)e^{-i\nu\alpha}d\alpha$$

の関係が導かれる. これから

$$G(\nu)=\overline{G}(\nu)e^{-i\phi(\nu)}$$

となり $\overline{G}(\nu)$ は $G(\nu)$ の絶対値, $\phi(\nu)$ はそれの位相であることがわかる.

式 (1.6) の C, S と式 (1.13) の $a(\nu)$, $b(\nu)$ を比べると $LSF(u_i)$ を $g(\alpha)$, ν を $2\pi r$ と考えれば $C=\pi a(\nu)$, $S=\pi b(\nu)$. したがって

$$|\sqrt{C^2+S^2}|=\pi\sqrt{a(\nu)^2+b(\nu)^2}=\overline{G}(\nu) \qquad (1.17)$$

これは物体と像のモジュレイションの比が $LSF(u_i)$ のフーリエ変換の絶対値であることを示している.

また, 式 (1.7) の位相 φ は

$$\varphi=\tan^{-1}\frac{S}{C}=\tan^{-1}\frac{b(\nu)}{a(\nu)}=\phi(\nu) \qquad (1.18)$$

であり，正弦波格子の横ずれを表わす φ は $LSF(u_i)$ のフーリエ変換の位相 $\phi(\nu)$ であることがわかる．

1.5 フーリエ合成

フーリエスペクトルから原関数を合成することをフーリエ合成，逆をフーリエ分析という．これらフーリエ合成，分析は最近ようやく大型電子計算機の出現によりディジタルに処理されるようになったが，なおアナログ方式も多く実用に供されている．電子計算機の出現以前はもちろんすべてアナログ計算で処理されていたので，先人たちの多くの工夫が残されている．これらを知ることでフーリエ級数展開，フーリエ変換の概念を具体的なイメイジとして把握できるものと考えている．

フーリエ合成についても多くの工夫があるが[6]，ここでは二つばかり例をあげることにする．

まず最初に，図 1.7(a) に示す光学系[7] は早い周波数で正弦波的に光量が変化する光に対する光電池の応答特性を求める目的でつくられたもので，同時に多数の正弦波的に明滅する光束を合成して矩形波的に変化する光束を得ようというものである．対物レンズで第一のマスクの像を第二のマスクの上につくる．第二のマスクは一定速度で回転している．この二つのマスクを通った光は光電池で受光される．第一のマスクの形状は図 1.7(b) の左で黒の三日月形のところが切り抜かれて光が通るようになっている．この形状はこの三日月形を扇形の開口で切っていくとき，その面積変化が正弦波的に変わるように特別に計算されたものである．第二のマスクは図 1.7(b) の右のようになっており，回転により第一のマスクに対する扇形開口の作用をするものである．図の黒いところが窓になっており，同一半径の輪帯における窓の数は中心から 1，3，5，7，9 となっている．したがってこの円板を 1 回転させると，それぞれの輪帯で光束を 1，3，5，7，9 回切ることになり 5 種類の周波数で正弦波的に変化する光束

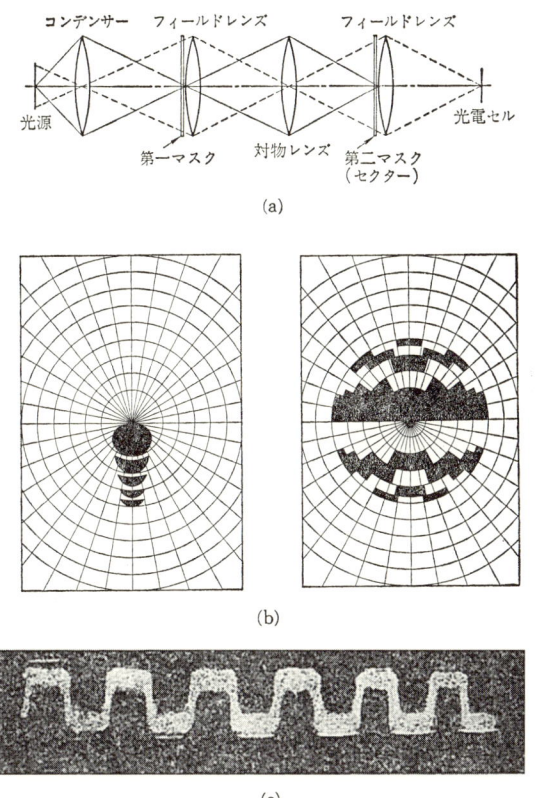

図 1.7 光量のフーリエ合成 (W. Wallin[7])
(a) 光学系, (b) 光量の正弦波的振幅変調用マスク (左: 開口, 右: セクター),
(c) 光電出力波形.

が得られる．これを一つの光電池で同時に受光すれば，それらの光束を合成することができる．図 1.7(c) は光電出力をオッシロスコープ上で観測したものである．もし中心から輪帯を一つずつ用いて出力の利得を測定すれば，図 1.6(b) に相当する光電池の周波数特性を得ることができる．

　もう一つの例として X 線の回折パターンから光学的にフーリエ合成を行って分子の配列をみようというものを示そう[8]．なぜこれができるかは次節の回折の項にゆずるが，この場合は二次元であるから，種々の周波数の一次元正弦波

格子を方向を考えて順次重ね合わせていく必要がある．

ところが正弦波格子は製作が容易ではない．この例[9]では，これに二つの同じ周波数の矩形波形格子を重ねてできるモアレ縞を利用している．モアレ縞を用いる利点は，1) 格子の重ね合わせる角度でモアレ縞の周波数を 0 から格子の周波数まで自由に変えることができることと，2) 矩形波形格子で得られるモアレ縞の強度分布は本来台形的であるが，これの高次の周波数の振幅は小さく，近似的に正弦波格子とみなせるということである．図 1.8(a) の中央には二つの筒があり，それらの上部にはそれぞれ矩形波格子が乗っている．この筒はベベルギヤーによって互いに逆方向に回転するので，格子の交角が変えられ，所望の周波数のモアレ縞を得ることができる．この二つの筒の相対的位置を固定し，両者を一体として所望の方向に回転しモアレ縞の方向を設定する．さらに，これらは XY 平行移動台によりモアレの位相（原点に対する横ずらし）を与えることができる．最上部に乾板が乗り，底にあるランプの照明で

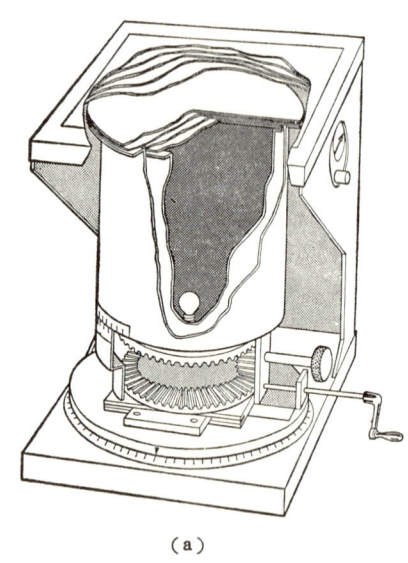

(a)

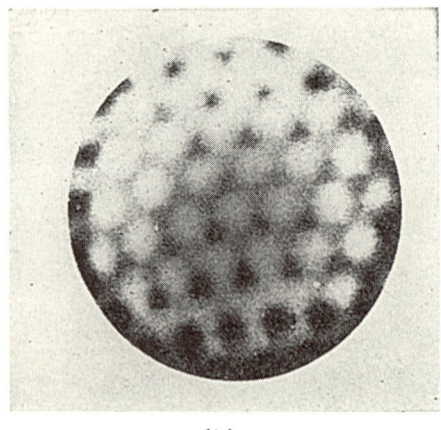

(b)

図 1.8 光学的フーリエ合成 (D. Mclachlan[8])
(a) 装置，(b) グラファイト中のカーボンの配列．

モアレ縞が周波数,方向・位相を変えて順次多重露光されてフーリエ合成ができるようになっている．図1.8(b)は合成の一例でグラファイトの中のカーボンの配列をシュミレイトしたものである．以上述べたフーリエ合成の例からもわかるように，ある強度分布を示す物体は，規則性をもった多数の正弦波格子の合成でできていると考えることができる．

1.6 フーリエ分析

原関数からスペクトルを求めることをフーリエ分析という．すなわち，式(1.10), (1.13)のフーリエ係数 a_n, b_n や $a(\nu)$, $b(\nu)$ を求めることである．

$g(\alpha)$ が簡単な関数であれば解析的に求められるが，複雑なものになれば数値計算によらざるを得ない．ディジタル計算機による数値積分法については後章で述べるとして，ここでは前節と同様アナログな分析法を述べてみよう．

光学ではアナログフーリエ分析は，従来レンズの回折像の強度分布の計算など[10]に用いられたが，電気，音響，X線などの分野では光学よりかなり古くから研究されており，前節のフーリエ合成と同様歴史的なものである．

ここでは二つ例をあげよう．一つは光電的方法，もう一つは純粋に光学的方法，すなわち光の回折を用いる方法である．

A. 光電的方法[11]

図1.9(a)のようにマスクの縦軸 y，横軸 α とし $y=g(\alpha)$ と被積分関数 $g(\alpha)$ の形に切り抜いたマスクAと，透過率が正弦波的に変化するマスクBを重ね，両者の全透過光をマスクCを通して光電管に受光し，その光量を測定する．

正弦波マスクBの透過率を

$$\frac{1}{2}(1+\cos 2\pi r \alpha)$$

とし，これがマスクAの関数 $y=g(\alpha)$ の原点と δ だけずれて重ね合わされたとき，マスクCを通る光量はその開口を F として

$$I=\iint_F g(\alpha)\frac{1}{2}\{1+\cos 2\pi r(\alpha-\delta)\}d\alpha\,dy$$

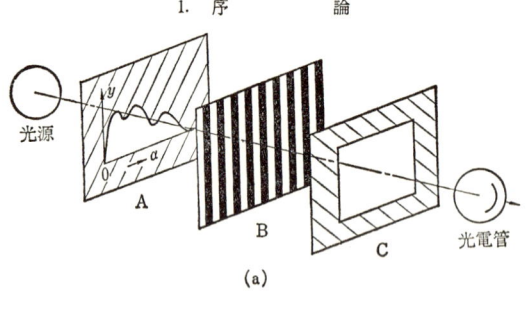

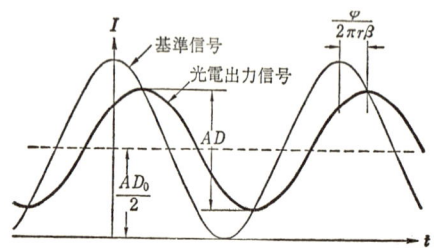

図 1.9 光電的フーリエ分析器
（a）光学系，（b）光電出力．

マスクCの開口Fは矩形であるとすると上記の二次元の積分は，α, y の積分に分離されるから

$$\int_F dy = A$$

とおいて，また $g(\alpha)$ の光を透過する部分よりCの開口Fは十分大きいとし

$$I = \frac{A}{2}\left\{\int_{-\infty}^{+\infty} g(\alpha)d\alpha + \int_{-\infty}^{+\infty} g(\alpha)\cos 2\pi r(\alpha - \delta)d\alpha\right\}$$

$$= \frac{A}{2}\{D_0 + D\cos(2\pi r\delta - \varphi)\} \tag{1.19}$$

ここに

$$D_0 = \int_{-\infty}^{+\infty} g(\alpha)d\alpha, \quad D = \sqrt{C^2 + S^2}$$

$$C = \int_{-\infty}^{+\infty} g(\alpha)\cos 2\pi r\alpha \, d\alpha$$

$$S = \int_{-\infty}^{+\infty} g(\alpha)\sin 2\pi r\alpha \, d\alpha$$

$$\varphi = \tan^{-1}\frac{S}{C}$$

もし $\delta=0$, すなわちマスク A, B の原点が正しく一致しているときは

$$I_\mathrm{c} = \frac{A}{2}(D_0 + D\cos\varphi) \tag{1.20}$$

また $\delta=\pi/4r$, すなわちマスクAの原点がマスクBの格子の 1/4 周期だけずれているとき

$$I_\mathrm{s} = \frac{A}{2}(D_0 + D\sin\varphi) \tag{1.21}$$

マスクBがないときの光量

$$I_0 = AD_0 \tag{1.22}$$

であるから, I_c, I_s, I_0 を測定すれば

$$\left.\begin{aligned}\frac{D}{D_0} &= \frac{\sqrt{C^2+S^2}}{D_0} = \frac{\sqrt{(I_\mathrm{c}-I_0/2)^2+(I_\mathrm{s}-I_0/2)^2}}{I_0/2}\\ \varphi &= \tan^{-1}\frac{I_\mathrm{s}-I_0/2}{I_\mathrm{c}-I_0/2}\end{aligned}\right\} \tag{1.23}$$

より $\sqrt{C^2+S^2}$, ならびに φ が求められる.

マスク A, B の原点を上記のように合致させたり, あるいは一定値だけ正しくずらすことは調整上たいへん面倒であるので, ずれ δ を一定速度 β で変化させる. すなわち時刻 t として $\delta=\beta t$ とすると, 式 (1.19) は

$$I = \frac{A}{2}\{D_0 + D\cos(2\pi r\beta t - \varphi)\} \tag{1.24}$$

となり, 光量は時間的角周波数 $2\pi r\beta$ で正弦波形で変化する. したがって, 光電管で受光すればその出力波形は図 1.9 (b) の太い実線のようになり, この交流成分の peak to peak 値より AD を求めることができる. また, この直流出力を測定すれば AD_0 が求められる. したがってモジュレイション D/D_0 が求まる. マスクBの移動に同期した信号 (図 1.9 (b) の細い実線) とこの出力を比較すれば, そのずれから φ が求められる.

このフーリエ分析の方法を, 以下**走査法** (scanning method) とよぶことにする.

B. 光の回折を利用する方法

開口に平面波が入射したとき，開口から十分遠い距離 R における開口に平行な平面上の一点 (u,v) の振幅 $U(u,v)$ は開口の振幅透過率を $f(x,y)$ としてフレネル–キルヒホッフの回折理論から近似的[†]に

$$U(u,v)=C\iint f(x,y)\exp\left[-i\frac{2\pi}{\lambda R}(ux+vy)\right]dx\,dy \qquad (1.25)$$

で与えられる．ここに C は波長 λ を含む定数である．

上式は式 (1.16) のフーリエ積分を二次元に拡張したものである．したがって，光の回折を利用すると二次元のフーリエ分析は簡単に行うことができる．図 1.10 は上記の原理を用いレンズの前側焦点面にパターンをおき，後側焦点面を像面として平行光線でパターンを照明し，パターンのスペクトルを得る光学系である．これは二次元アナロ

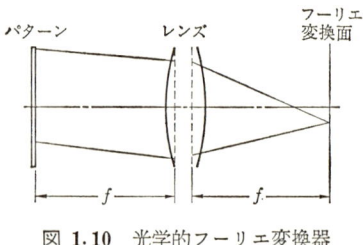

図 1.10 光学的フーリエ変換器
(f-f 配置)

グフーリエ分析器と考えてよく，最近光学情報処理の分野で利用されているものである．この詳細は §5.2 で解説する．

前節のフーリエ合成の項でX線の回折パターンからの合成を例にあげたが，X線の回折パターンは物体のスペクトルであるから，逆にこれをフーリエ合成すれば元の物体が再現されることになる．図 1.11 は光の回折を用いるフーリエ合成法で Bragg[12] が X-ray microscope と称したものである．原子配列が決まれば，それの二次元フーリエ級数展開によりX線回折像の強度がわかる．これから図 1.11 (a) のような小孔の径が強度（フーリエ係数）に比例するマスクをつくり，同図 (b) の光学系に挿入し，平行光で照明すると，マスクの回折像はレンズ L_2 の焦点面にできる．この像を顕微鏡で拡大し観測すると，もとの原子配列をみることができる．同図 (c) はこの合成結果である．物体のスペクトルは式 (1.25) の $U(u,v)$ でわかるように，本来複素数である．いまの場

[†] レンズの場合は第2章で解説する．

1.6 フーリエ分析

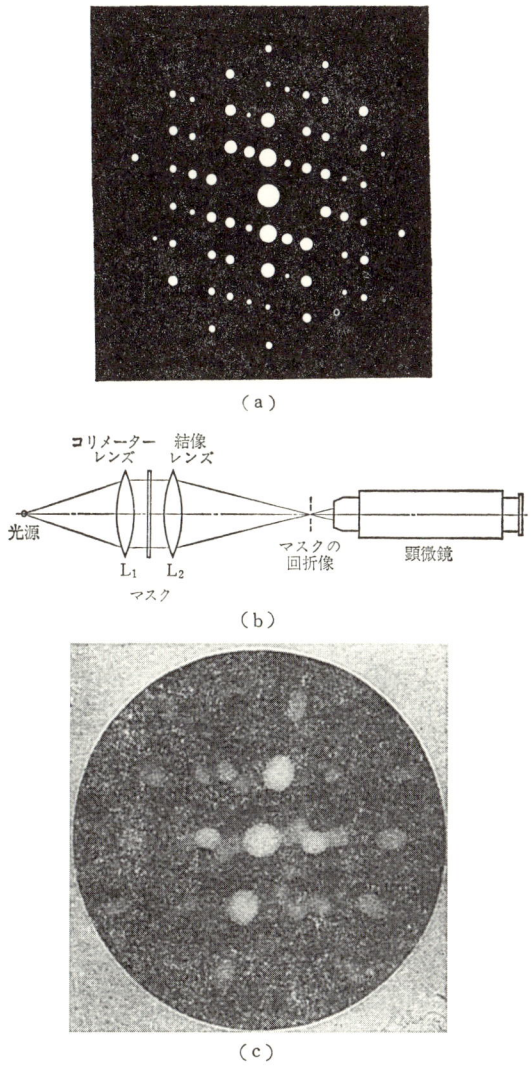

図 1.11 Bragg の X-ray-microscope (W. L. Bragg[12])
(a) X線回折像からつくった光学的マスク, (b) 再回折光学系, (c) 再生像.

合, 図(a)のマスクの各小孔には適当な位相板を入れてやらねばならない. も しこれをしないとすべての小孔は同一位相であるということになり, これは物

体構造が centrosymmetrical crystal† の場合に相当する．正しい物体像を再生するためには，このスペクトルの位相をどうやって付加したらよいか，あるいはもとの物体の回折像を写真に記録するとき，その位相をどうやって保存したらよいかということが問題になる．この解法の一つとして，物体とその周囲をそのまま通る光と物体による回折波光とを干渉させ，この干渉縞を写真に記録するようにするとよいというのが Gabor[13] のコヒーレントバックグラウンド法（最近はオンアクシスホログラフィという）である．これがホログラフィの起源である．

文献

1) H. Struve: *Ann. a. Phys. u. Chem.*, **17** (1882), 1008.
2) P. M. Duffieux: *L'intégrale de Fourier et ses applications à l'optique* Rennes, 1946 （第 2 版は Masson Ed から 1970 年に出版され，邦訳されている．辻内順平訳，フーリエ変換とその光学への応用（光学技術シリーズ **6**, 共立出版, 1977）．
3) O. H. Schade: *NBS Circular*, **526** (1954), p. 233.
4) E. H. Linfoot: *Fourier methods in Optical Image Evaluation* (Focal Press, 1964).
5) 久保田 広：生産研究, **8** (1956), 315.
6) N. F. Barber: *Experimental Correlograms and Fourier Transforms* (Pergamon Press, 1961).
7) W. Wallin: *J. Opt. Soc. Am.*, **45** (1955), 287.
8) D. Mclachlan: *X-ray Crystal Structure* (McGraw-Hill, 1957).
9) D. Mclachlan: *J. Sci. Instrum.*, **34** (1957), 201.
10) A. Maréchal: *NBS Circular*, **526** (1954), p. 9.
11) H. C. Montgomery: *Bell. Syst. Tech. J.*, **17** (1938), 406.
12) W. L. Bragg: *Nature*, **143** (1939), 678; *ibid.*, **149** (1942), 470.
13) D. Gabor: *Nature*, **161** (1948), 777; *Proc. R. Soc.*, London, **A197** (1949), 454.

---

† Dan Mclachlan, Jr.: *X-ray Crystal Structure*, p. 218 (McGraw-Hill, 1957).

2

光学系の空間周波数特性の理論

2.1 OTF の定義

A. たたみこみの定理

二次元物体の強度分布 $O(u,v)$ のレンズによる像の強度分布は点像の強度分布 $PSF(u,v)$ とすると,式 (1.2) のような二次元のたたみこみ,あるいは接合積 (convolution) で与えられた.ここではまず,これのフーリエ変換を考える[†].ただし簡単のため一次元で考える.

二つの関数を $g_1(\alpha)$, $g_2(\alpha)$ とし,それぞれのフーリエ変換を $G_1(\nu)$, $G_2(\nu)$ とする.式 (1.16-b) のフーリエ変換の定義に従い,これらは次式で与えられる.

$$\left. \begin{array}{l} G_1(\nu) = \displaystyle\int_{-\infty}^{+\infty} g_1(\alpha) e^{-i\nu\alpha} d\alpha \\ G_2(\nu) = \displaystyle\int_{-\infty}^{+\infty} g_2(\alpha) e^{-i\nu\alpha} d\alpha \end{array} \right\} \qquad (2.1)$$

[†] たとえば P. M. Duffieux 著,辻内順平訳,"フーリエ変換とその光学への応用",第 4 章(共立出版, 1977);D. C. Champeney: *Fourier Transforms and their Physical Applications*, Chapter 5 (Academic Press, 1973).

$g_1(\alpha)$, $g_2(\alpha)$ の一次元の接合積 (convolution) を $p(\alpha')$ とする.

$$p(\alpha') = \int_{-\infty}^{+\infty} g_1(\alpha) g_2(\alpha'-\alpha) d\alpha \qquad (2.2)$$

これのフーリエ変換 $P(\nu)$ を求める. すなわち

$$P(\nu) = \int_{-\infty}^{+\infty} p(\alpha') e^{-i\nu\alpha'} d\alpha'$$

上式に式 (2.2) を代入し, $\exp[-i\nu\alpha]\exp[i\nu\alpha]=1$ の関係を利用すると

$$P(\nu) = \int_{-\infty}^{+\infty}\int_{-\infty}^{+\infty} g_1(\alpha) g_2(\alpha'-\alpha) e^{-i\nu\alpha'} e^{-i\nu\alpha} \cdot e^{i\nu\alpha} d\alpha\, d\alpha'$$

$$= \int_{-\infty}^{+\infty} g_1(\alpha) e^{-i\nu\alpha} d\alpha \int_{-\infty}^{+\infty} g_2(\alpha'-\alpha) e^{-i\nu(\alpha'-\alpha)} d\alpha'$$

$$= G_1(\nu) G_2(\nu) \qquad (2.3)$$

これは接合積のスペクトルは個々のスペクトルの積であることを示す. これをたたみこみの定理という. これは大切な関係式で, スペクトルで考える便利さはこの性質の利用にあるといえる. また逆に $g_1(\alpha)$, $g_2(\alpha)$ の積を $h(\alpha)$ として, これのフーリエ変換を考えてみよう. すなわち

$$h(\alpha) = g_1(\alpha) g_2(\alpha) \qquad (2.4)$$

とし,

$$H(\nu') = \int_{-\infty}^{+\infty} h(\alpha) e^{-i\nu'\alpha} d\alpha$$

を求めてみる. 上式に式 (2.4) を代入し, さらに式 (1.16-b) のフーリエ逆変換の関係

$$\left. \begin{array}{l} g_1(\alpha) = \dfrac{1}{2\pi} \displaystyle\int_{-\infty}^{+\infty} G_1(\nu) e^{i\nu\alpha} d\nu \\[6pt] g_2(\alpha) = \dfrac{1}{2\pi} \displaystyle\int_{-\infty}^{+\infty} G_2(\nu) e^{i\nu\alpha} d\nu \end{array} \right\} \qquad (2.5)$$

を考慮すると

$$H(\nu') = \frac{1}{2\pi} \int_{-\infty}^{+\infty} G_1(\nu) e^{i\nu\alpha} d\nu \int_{-\infty}^{+\infty} g_2(\alpha) e^{-i\nu'\alpha} d\alpha$$

$$= \frac{1}{2\pi} \int_{-\infty}^{+\infty} G_1(\nu) d\nu \int_{-\infty}^{+\infty} g_2(\alpha) e^{-i(\nu'-\nu)\alpha} d\alpha$$

$$= \frac{1}{2\pi} \int_{-\infty}^{+\infty} G_1(\nu) G_2(\nu'-\nu) d\nu \qquad (2.6)$$

となる．積のスペクトルは個々のスペクトルの接合積となる．

さて，以上のたたみこみの定理を二次元に拡張し，式 (1.2) の物体，点像†，像の関係にあてはめてみるとそれぞれのスペクトルを $o(r,s)$, $R(r,s)$, $i(r,s)$ とおくと

$$i(r,s)=o(r,s)R(r,s) \tag{2.7}$$

の関係が得られる．

第1章では，正弦波格子のモジュレイションを吸収フィルターの入出力強度に対応させると光学系はフィルターに対応すると述べた．ここでは，色フィルターを通して物を見ると異なる色に見えることと対応させ，波長 λ と空間周波数 r, s とを対応させて $R(r,s)$ を考えてみる．

色フィルターを通して輝度分布 $o(\lambda)$ の光源（物体）を見る場合，フィルターの分光透過率 $R(\lambda)$, 目のスペクトル等色関数 $K_i(\lambda)$ ($i=1,2,3$ は $\bar{x}$, $\bar{y}$, $\bar{z}$ に対応する）とするとフィルターのないとき，すなわち直接光源を目で見るときは $o(\lambda)K_i(\lambda)$ に基づく三刺激値により色を感じる．フィルターを通して光源を見る場合は，$o(\lambda)R(\lambda)K_i(\lambda)$ に基づく三刺激値により色を感じる．

式 (2.7) の空間周波数 r を（いま一次元で考えて $s=0$ とする）この λ と考えると，$R(r)$ は $o(r)$ にかけた一種のフィルターと考えることができる．

$R(r)=1$ ならば $i(r)=o(r)$, これはフィルターをかけない場合と同じであり，このときは，物体の空間周波数スペクトルがそのまま像の空間周波数スペクトルになる．これは物体の強度分布どおりの像ができるということである．また $R(r)$ が r により変化すれば，必ず像は元の物体とは違った空間周波数スペクトル分布をもつことになる．

図 2.1 スペクトル空間における光学系の結像
（a）物体正弦波格子のスペクトル，
（b）像正弦波格子のスペクトル．

---
† 点像のフーリエ変換は点像の全光量を1と正規化されているとき $OTF(r,s)$ と書き，正規化されていないときは $R(r,s)$ と書く．

これは元の物体の強度分布とは違う強度分布の像をつくることを示す．このことから，光学系は物体スペクトルに対する空間周波数フィルターと考えることができる．このフィルターの特性 $R(r)$ は，光学系の線像あるいは点像の強度分布をフーリエ変換したものである．§1.3 では正弦波格子の像を接合積で求めたが，もしこの式 (2.7) の関係を利用すると正弦波格子のスペクトルは図 2.1 に示すように格子の周波数 $\pm r$ のみの単一スペクトルであるから，像もまたその $\pm r$ のみのスペクトルのもの，すなわち正弦波格子であり，ただそのスペクトルの強さは $R(r)$ の $\pm r$ に対する値がかかったものである．

B. Optical transfer function (OTF) の定義

第1章では，正弦波格子のモジュレイションを光学系の入出力と考えると両者の比が空間周波数フィルターとしての光学系の特性を示すことを述べた．また前節では，点像のフーリエ変換が空間周波数フィルターとしての光学系の特性を示すことを述べた．

このフィルターとしての特性を optical transfer function (OTF) というのであるが，上記のことから OTF の定義は2通りできることがわかる．

a．正弦波格子のモジュレイションによる定義　この定義はイギリスの規格[†]などにみられるものである．物体正弦波格子のモジュレイションと像の正弦波格子のモジュレイションの比を **modulation transfer factor** とよび，これを空間周波数の関数として表わすとき **modulation transfer function** (MTF) という．

既に述べたように，像面における格子像は一般に理想の位置から横ずれをしている．この横ずれ量を格子間隔を単位として角度で測る．すなわち，ずれがちょうど1格子間隔に等しいとき 2π であるとする．これを**位相** (phase) という．位相を空間周波数の関数として表示したものを **phase transfer function** (PTF) とよぶ．

MTF を絶対値にもち，PTF を位相とする複素関数を **optical transfer**

---

† **BS 4779 : 1971**; *Recommendations for measurement of the optical transfer function of optical devices.* (British Standards Institution).

function (OTF) と定義する．すなわち，OTF, MTF, PTF の関数形を3文字記号で $OTF(r)$, $MTF(r)$, $PTF(r)$ と書くとすると

$$OTF(r) = MTF(r) e^{iPTF(r)} \tag{2.8}$$

と書くことができる．

b. 点像のフーリエ変換による定義　これはアメリカの規格†などにみられる定義である．

点像 $PSF(u, v)$ の二次元フーリエ変換を

$$R(r, s) = \iint_{-\infty}^{+\infty} PSF(u, v) e^{-i2\pi(ru+sv)} du\, dv \tag{2.9}$$

とし，これをゼロ周波数の値 $R(0, 0)$ で正規化して OTF の定義とする．すなわち

$$OTF(r, s) = \frac{R(r, s)}{R(0, 0)} \tag{2.10}$$

OTF は一般に複素数であり，その絶対値を MTF，位相を PTF とよび

$$OTF(r, s) = MTF(r, s) e^{-iPTF(r, s)} \tag{2.11}$$

と書く．

正弦波格子に基づく定義はフーリエ変換というような高度の数学的手段を用いずに，現象的に OTF がどのようなものであるかを示すので OTF の意味を容易に理解するにはよいが，一次元 OTF の定義となることと，この定義どおり OTF を測定しようとするとアイソプラナチズムが成り立つ範囲内に格子がおさまらない場合もあり，定義どおりの測定ができないということがある．一方，フーリエ変換による定義は抽象的であって OTF がどんなものかを理解することはむずかしいが，より一般的な定義ではあるし，測定には点像，あるいは線像だけを対象にすればよいから，アイソプラナチズムの問題は生じない．すなわち，定義どおりの測定が可能であるということがいえる．

いずれにしてもこの2通りの定義は等価なものであるから，どちらがよいと

---

† **ANSI pH 3.57-1978**; *Guide to optical transfer function measurement and reporting.* (American National Standards Institute, Inc).

いうことはないが，フーリエ変換による定義のほうが，より一般的である点が将来 OTF の概念が普及した段階では，これが広く用いられることになろう．

以下に2通りの定義間の数学的関係を示しておこう．物体正弦波格子のモジュレイション M_0，像格子のそれを M_i とすると，式 (1.9) より

$$MTF(r) = \frac{M_i}{M_0} = \sqrt{C^2 + S^2}$$

ここに式 (1.6) より

$$C = \int_{-\infty}^{+\infty} LSF(u) \cos 2\pi ru \, du$$

$$S = \int_{-\infty}^{+\infty} LSF(u) \sin 2\pi ru \, du$$

像の横ずれ量（u の正方向のずれを正にとる）を $\varDelta$ とすると，位相は $2\pi r \varDelta$ で式 (1.7) より

$$PTF(r) = 2\pi r \varDelta = \varphi = \tan^{-1} \frac{S}{C}$$

である．したがって，$OTF(r) = \sqrt{C^2 + S^2}\, e^{i\varphi}$ \hfill (2.12)

一方，線像のフーリエ変換が OTF であるとする定義からは

$$OTF(r) = \frac{\int_{-\infty}^{+\infty} LSF(u) e^{-i2\pi ru} du}{\int_{-\infty}^{+\infty} LSF(u) \, du} \tag{2.13}$$

線像の全光量を1と正規化するから

$$\int_{-\infty}^{+\infty} LSF(u) du = 1$$

とおき

$$OTF(r) = \int_{-\infty}^{+\infty} LSF(u) \cos 2\pi ru \, du - i \int_{-\infty}^{+\infty} LSF(u) \sin 2\pi ru \, du$$

$$= C - iS$$

$$= \sqrt{C^2 + S^2}\, e^{-i\varphi} \tag{2.14}$$

したがって

$$MTF(r) = \sqrt{C^2 + S^2}, \quad PTF(r) = \varphi$$

である．

2.2 OTF と光学系の瞳関数

前節の OTF の定義（b）は通信理論の立場に立つものである．以下，線像，点像は何によって決まるかということから，OTF のいま一つの純光学的定義を導くことにしよう．

A. 光学系の瞳

光学系は有限な大きさの開口をもつから，光学系にはいる光は必ずこれによる回折の影響を受ける．ここでまずこの開口とは何かを考えてみる．図 2.2 のように，レンズ系が絞り S を中心として前側，後側のレンズ群でできているとしよう．また，これらのレンズ群の口径は絞り S の開口の直径より十分大きいとする．前側のレンズ群にはいる光線束の中で，この絞り S の開口部を通る光線だけが後側レンズ群にはいっていく．いま絞り S の前側レンズ群による像 S_F を考えると，この S_F を通る光線はすべて絞り S を通るはずである．

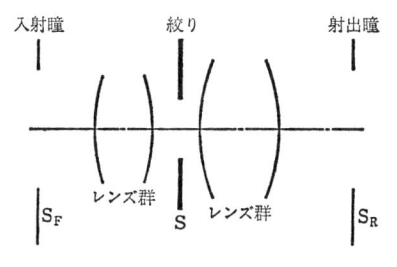

図 2.2 レンズの瞳

また S を通り，後側レンズ群を通過する光線は S の後側レンズ群による像 S_R とすると，必ずこの S_R から出ていくことになる．したがって S_F，S_R は光学系を通過する光線の入口と出口にあたるわけで，光はこれ以外のところからは光学系に出入りすることはできない．この S_F，S_R を入射瞳，射出瞳という．さきに述べた光学系の開口というのはこの二つの瞳を指している．入射瞳の全レンズ群による像は射出瞳であるから，この両者の結像関係が理想的であればどちらの瞳を開口として代表させてもよい．一般には射出

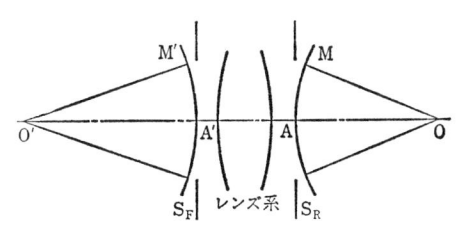

図 2.3 レンズの結像と波面

瞳を開口と考える．しかし，収差の心配があるときは入射瞳を開口と考えるほうがよい．

B. 光学系による光の回折

図2.3のように光軸上の O′ 点に点光源を考える．これのレンズによる像を O とする．レンズが無収差であると考えると O′ 点から出る球面波 M′ は O に収斂するはずである．これは入射瞳面，射出瞳面の中心を A′, A として $\overline{\mathrm{O'A'}}$ を半径とする球面波 M′ が，レンズにより $\overline{\mathrm{OA}}$ を半径とする球面波 M に変えられることである．瞳の大きさが有限であるから，球面波 M′, M はともに瞳の縁で制限され光の回折が生じる．しかし入射瞳面上にフレネルの二次波源を考えると，これから出る二次波はレンズにより射出瞳面上の幾何光学的対応点に1:1ですべて結像する．この際，絞りの大きさに対してレンズの大きさは十分大きいとすると入射瞳と射出瞳の間では光の回折は無視することができ，光の回折は射出瞳を出るとき生じ，像点Oの近傍に広がりをもつ振幅分布を示すことになる．

(a)

(b)

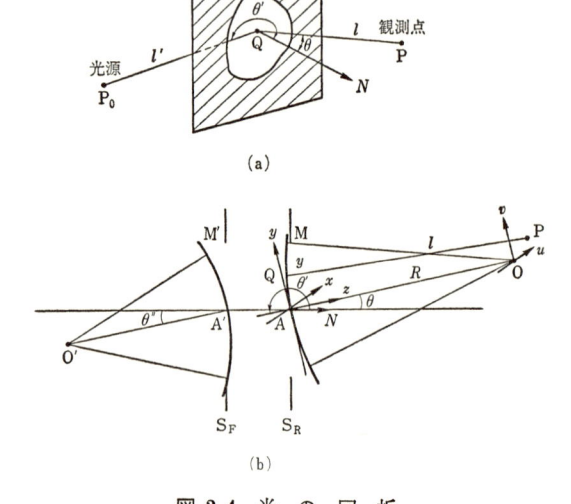

図 2.4 光 の 回 折
(a) 平板開口による回折, (b) レンズの瞳による回折.

2.2 OTF と光学系の瞳関数

フレネル-キルヒホッフの回折の式は図 2.4(a) のように光源 P_0, 観測点 P, 開口内の一点 Q とし, $\overline{P_0Q}=l'$, $\overline{OP}=l$ とすると

$$U(P)=-\frac{i}{2\lambda}\iint_s \frac{\exp[ik(l'+l)]}{ll'}\{\cos\theta'-\cos\theta\}dS \qquad (2.15)$$

で与えられる†.

ここに θ', θ は開口面の法線と $\overline{P_0Q}$, $\overline{QP}$ のなす角である. また dS は開口の面積素分, S は形状である.

レンズの結像の場合は図 2.4(b) のように射出瞳を S_R とし, 像点 O を中心に球面波 M を考える. 瞳の中心を A とすると上式の θ は法線と OA のなす角であり主光線の方向である. この主光線の入射側の瞳の法線となす角を θ' にとると, $\theta'=\pi+\theta$ であるから $\cos\theta'-\cos\theta=-2\cos\theta$ となる. またレンズに収差がなければ球面波 M' を M に変換する作用のみであるから球面波 M 上に Q 点をとると物点 O' から Q までの光路長は射出瞳の中心 A までの距離 $\overline{O'A'}+\overline{AA'}$ に等しい. これを l' とおくと, これは一定であり積分の外に出せ, 式 (2.15) は

$$U(P)\sim \frac{i}{\lambda}\frac{\cos\theta}{l'}e^{ikl'}\iint_s \frac{\exp[ikl]}{l}dS \qquad (2.16)$$

と書くことができる.

また, 収差のある場合は波面 M″ は球面 M からずれたものになる. OQ を延長し実際の波面 M″ との交点を Q' とし $\overline{QQ'}=W$ とおくと Q'P$=l+W$ であるから, 式 (2.16) は

$$U(P)\sim \frac{i}{\lambda}\frac{\cos\theta}{l'}e^{ikl'}\iint_s \frac{\exp[ik(l+W)]}{l}dS \qquad (2.17)$$

と書くことができる. なおこの W については §6.1 で解説する.

図 2.4 に示すように瞳の中心 A を原点にとり OA を z 軸として直角座標 (x, y, z) をとる, また像点 O を原点とし AO に直交する面内に直角座標 u, v を x 軸, y 軸にそれぞれ平行にとる. 座標の寸法は mm とする.

Q 点は球面 M 上の一点であるから, $\overline{OA}=R$ とおいて

---

† たとえば, M. Born and E. Wolf : *Principles of Optics*, Chapter 8 (Pergamon Press, 1964).

$$x^2+y^2+(z-R)^2=R^2$$

の関係がある．また

$$\begin{aligned}\overline{PQ}=l &= \sqrt{(x-u)^2+(y-v)^2+(R-z)^2} \\ &= \sqrt{x^2+y^2+(R-z)^2+u^2+v^2-2(ux+vy)} \\ &= \sqrt{R^2+u^2+v^2-2(ux+vy)}\end{aligned}$$

ここで u, v, x, y, いずれも R に対して十分小さいと仮定すると，上式は近似的に以下のように書ける．

$$l \fallingdotseq R\left(1+\frac{u^2+v^2}{2R^2}-\frac{ux+vy}{R^2}\right) \tag{2.18}$$

これを式 (2.16) に代入し積分内の $1/l$ は $1/R$ と近似し，

$$C=\frac{i}{\lambda}\frac{\cos\theta}{l'R}\exp\left[ik\left(l'+R+\frac{u^2+v^2}{2R}\right)\right] \tag{2.19}$$

とおいて

$$U(\mathrm{P})\sim C\iint_S \exp\left[\frac{-ik}{R}(ux+vy)\right]dS \tag{2.20}$$

また，式 (2.17) に対応するものとしては

$$U(\mathrm{P})\sim C\iint_S e^{ikW}\exp\left[-\frac{ik}{R}(ux+vy)\right]dS \tag{2.21}$$

を得る．

上式で積分項の係数 C は像面における回折波面の形状が球面であることを示し，積分項はその振幅分布を示している．強度分布を議論するときは位相項は消えるので，積分項の係数は上記のように定数 C としてしまい，積分項のみを考えればよい．

積分の範囲 S は瞳内であるから，瞳の形状を $S(x,y)$，収差による位相項を $e^{ikW(x,y)}$ とおき関数

$$\begin{aligned}f(x,y) &= S(x,y)e^{ikW(x,y)} \quad \text{瞳内} \\ &= 0 \quad \text{瞳外}\end{aligned} \tag{2.22}$$

を用いると式 (2.21) は

$$U(\mathrm{P})=C\iint_{-\infty}^{+\infty}f(x,y)\exp\left[-\frac{ik}{R}(ux+vy)\right]dx\,dy \tag{2.23}$$

となる.

式 (2.22) の瞳に導入された関数，これは瞳の形状とその位相分布を示す関数で**瞳関数** (pupil function) といわれる.

式 (2.23) は，点像の回折による振幅分布は瞳関数の二次元フーリエ変換で与えられることを示している．なお以下点像の振幅分布 (amplitude spread function) $U(P)$ を $ASF(u,v)$ と書くことにする.

式 (2.23) の指数項の肩つきを下記のように書くと

$$-i\frac{k}{R}(ux+vy) = -i(\bar{u}x+\bar{v}y) \tag{2.24}$$

フーリエ変換の際，尺度変換の係数を考える必要がなく計算に便利となる．この $\bar{u}, \bar{v}$ は $\bar{u}=ku/R, \bar{v}=kv/R$ であり，この座標のスケーリングファクター k/R を古くから diffraction unit といっている.

H. H. Hopkins[1] は円形開口のレンズを対象にして瞳の径で瞳座標を規準化するとともに，像面全体にわたりアイソプラナチズムを仮定し，ここで用いているような主光線が像面を切る点を局所座標 u, v の原点にとるという代わりに軸上のガウス像点を原点として直角座標 X, Y をとり，レンズの開口数でこれを規準化する fractional coordinate を定義している．すなわち

$$-i\frac{k}{R}(ux+vy) = -i(\xi\bar{X}+\eta\bar{Y}) \tag{2.25}$$

ここに瞳の半径 a として

$$\xi=\frac{x}{a}, \quad \eta=\frac{y}{a} \tag{2.26}$$

また像空間の媒質の屈折率 n，レンズの取り込む光線の角 α として開口数 $n\sin\alpha$ を用い

$$\bar{X}=k(n\sin\alpha)X, \quad \bar{Y}=k(n\sin\alpha)Y \tag{2.27}$$

である.

$\sin\alpha \fallingdotseq a/R$ と近似できるから $n=1$ のとき $\bar{X}=kaX/R, \bar{Y}=kaY/R$，したがって式 (2.24) で u, v の代わりに X, Y を用い

$$-i\frac{k}{R}(xX+yY)=-i(\xi\bar{X}+\eta\bar{Y})$$

となる.

H. H. Hopkins[1] は $\bar{X}$, $\bar{Y}$ について空間周波数 s, t を定義している.

$$s=\frac{2\pi}{\bar{X}}=\frac{\lambda R}{aX}, \quad t=\frac{2\pi}{\bar{Y}}=\frac{\lambda R}{aY}$$

この空間周波数 s, t は多くの教科書で採用され,日本ではかなり普及しているものであるから,本書で用いている周波数 r, s または $\bar{r}$, $\bar{s}$ との対応を示しておこう.

X, Y は u, v に対応させてよいから $1/X=r$, $1/Y=s$, また後にでてくる瞳の横ずらし量 (式 (2.33) 参照) $\bar{r}=2\pi rR/k=\lambda Rr$, $\bar{s}=2\pi sR/k=\lambda Rs$ との関係は

$$s=\frac{\lambda R}{a}r=\frac{\bar{r}}{a}, \quad t=\frac{\bar{s}}{a} \tag{2.28}$$

である.

$a=1$ となるように瞳座標をとれば,式 (2.34) で用いる $\bar{r}$, $\bar{s}$ は H. H. Hopkins の s, t と全く同じものであることがわかる.なお,H. H. Hopkins[3] は後に canonical coordinates を提唱している.これは像面に局所座標をとることは本書と同じであるが,瞳面ならびに像面の座標は光軸に直角にとり,また瞳の径もビグネッティングを考えて x 方向と y 方向で違えている.

C. 瞳関数と OTF

瞳関数 $f(x, y)$ が与えられたときの点像の振幅分布 $U(\mathrm{P})=ASF(u, v)$ は $f(x, y)$ のフーリエ変換である.一方点像の強度分布 $PSF(u, v)$ は $ASF(u, v)$ の絶対値の2乗,すなわち $ASF^*(u, v)$ を共役複素数とすると

$$PSF(u, v)=ASF(u, v)ASF^*(u, v) \tag{2.29}$$

である.

OTF は PSF のフーリエ変換であることは式 (2.9) で示している.そこで式 (2.6) に示したように,積のフーリエ変換はそれぞれのスペクトルのた

2.2 OTFと光学系の瞳関数

たたみこみ積分であるというフーリエ変換の定理を応用すると，OTFは瞳関数のたたみこみ積分で与えられることになる．以下これを導いてみよう．

式 (2.23) より

$$ASF(u,v) = C\iint_{-\infty}^{+\infty} f(x_1,y_1) e^{-i\frac{k}{R}(ux_1+vy_1)} dx_1\, dy_1$$

$$ASF^*(u,v) = C\iint_{-\infty}^{+\infty} f^*(x_2,y_2) e^{i\frac{k}{R}(ux_2+vy_2)} dx_2\, dy_2$$

とおいて

$PSF(u,v) = ASF(u,v) ASF^*(u,v)$

$$= C^2 \iiiint_{-\infty}^{+\infty} f(x_1,y_1) f^*(x_2,y_2) e^{i\frac{k}{R}\{(x_2-x_1)u+(y_2-y_1)v\}} dx_1\, dy_1\, dx_2\, dy_2$$

ここで

$$x_2-x_1=x',\ \ y_2-y_1=y',\ \ \frac{k}{R}u=\bar{u},\ \ \frac{k}{R}v=\bar{v}$$

とおき

$$x_1=x_2-x',\ \ y_1=y_2-y'$$

を上式に代入すると

$$PSF(u,v) = C^2 \iiiint_{-\infty}^{+\infty} f(x_2-x', y_2-y') f^*(x_2,y_2) e^{i(x'\bar{u}+y'\bar{v})} dx_2\, dy_2\, dx'\, dy'$$

$$= C^2 \iint_{-\infty}^{+\infty} \varphi(x',y') e^{i(x'\bar{u}+y'\bar{v})} dx'\, dy' \tag{2.30-a}$$

ここに

$$\varphi(x',y') = \iint_{-\infty}^{+\infty} f(x_2-x', y_2-y') f^*(x_2,y_2) dx_2\, dy_2 \tag{2.30-b}$$

この $\varphi(x',y')$ は f と f^* の相互相関数（fの自己相関関数ともいう）である．

一方，式 (2.9) より $PSF(u,v)$ のフーリエ変換 $R(r,s)$ は

$$R(r,s)=\iint_{-\infty}^{+\infty}PSF(u,v)e^{-i2\pi(ru+sv)}du\,dv$$

$$=\left(\frac{R}{k}\right)^2\iint_{-\infty}^{+\infty}PSF(u,v)e^{-i\frac{2\pi R}{k}(r\bar{u}+s\bar{v})}d\bar{u}\,d\bar{v}$$

これに式 (2.30-a) を代入すると

$$R(r,s)=\left(\frac{CR}{k}\right)^2\iiiint_{-\infty}^{+\infty}\varphi(x',y')e^{i\left\{\left(x'-\frac{2\pi Rr}{k}\right)\bar{u}+\left(y'-\frac{2\pi Rs}{k}\right)\bar{v}\right\}}d\bar{u}\,d\bar{v}\,dx'\,dy' \quad (2.31)$$

ここで二次元の δ 関数の定義式

$$\delta(x,y)=\frac{1}{(2\pi)^2}\iint_{-\infty}^{+\infty}e^{i(\nu x+\mu y)}d\nu\,d\mu \quad (2.32\text{-a})$$

を適用すると

$$\iint_{-\infty}^{+\infty}e^{i\{(x'-\lambda Rr)\bar{u}+(y'-\lambda Rr)\bar{v}\}}d\bar{u}\,d\bar{v}=(2\pi)^2\delta(x'-\lambda Rr,y'-\lambda Rs)$$

と書け,さらに δ 関数の公式

$$\iint_{-\infty}^{+\infty}f(x,y)\delta(x-x_0,y-y_0)dx\,dy=f(x_0,y_0) \quad (2.32\text{-b})$$

より,式 (2.31) は

$$R(r,s)=\left(\frac{2\pi CR}{k}\right)^2\iint_{-\infty}^{+\infty}\varphi(x',y')\delta(x'-\lambda Rr,y'-\lambda Rs)dx'dy'$$

$$=\left(\frac{2\pi CR}{k}\right)^2\varphi(\lambda Rr,\lambda Rs) \quad (2.33)$$

ここで

$$\lambda Rr=\bar{r},\quad \lambda Rs=\bar{s} \quad (2.34)$$

とおくと,式 (2.33) は

$$R(r,s)=\left(\frac{2\pi CR}{k}\right)^2\varphi(\bar{r},\bar{s}) \quad (2.35)$$

と書ける.

OTF は式 (2.10) で定義されるから

2.2 OTF と光学系の瞳関数

$$OTF(r,s) = \frac{R(r,s)}{R(0,0)} = \frac{\varphi(\bar{r},\bar{s})}{\varphi(0,0)} \tag{2.36}$$

ここで，式 (2.30-b) の φ の定義式で積分変数 x_2, y_2 は x, y と書いてもよいから

$$\varphi(\bar{r},\bar{s}) = \iint_{-\infty}^{+\infty} f(x-\bar{r}, y-\bar{s}) f^*(x,y) dx\, dy$$

$$\varphi(0,0) = \iint_{-\infty}^{+\infty} |f(x,y)|^2 dx\, dy$$

$\varphi(0,0)$ は瞳の面積であるから，これを A とおいて

$$\left. \begin{aligned} OTF(\bar{r},\bar{s}) &= \frac{1}{A} \iint_{-\infty}^{+\infty} f(x-\bar{r}, y-\bar{s}) f^*(x,y) dx\, dy \\ \text{ここに}\quad A &= \iint |f(x,y)|^2 dx\, dy \end{aligned} \right\} \tag{2.37}$$

で与えられる．すなわち，瞳関数の自己相関である[1]．

積分範囲は $-\infty$ から $+\infty$ であるが，瞳関数は瞳内だけで定義され瞳外ではゼロであるから，実際には瞳を $\bar{r}$, $\bar{s}$ だけ横ずらしして重ねたときの重なり合う範囲内での積分となる．また，瞳のずらし方は原点を中心に左右に $\bar{r}/2$, $\bar{s}/2$ ずつ振り分けても同じであるから，重なり合う範囲を G とおいて

$$\begin{aligned} OTF(\bar{r},\bar{s}) &= \frac{1}{A} \iint_G f(x-\bar{r}, y-\bar{s}) f^*(x,y) dx\, dy \\ &= \frac{1}{A} \iint_G f\!\left(x-\frac{\bar{r}}{2}, y-\frac{\bar{s}}{2}\right) f^*\!\left(x+\frac{\bar{r}}{2}, y+\frac{\bar{s}}{2}\right) dx\, dy \end{aligned} \tag{2.38}$$

と書くこともできる．

波面収差 $W(x,y)$，瞳の形を $S(x,y)$ として瞳関数を式 (2.22) で与えると，式 (2.37) は

$$OTF(\bar{r},\bar{s}) = \frac{1}{A} \iint_G S(x-\bar{r}, y-\bar{s}) S(x,y) e^{ikV(x,y,\bar{r},\bar{s})} dx\, dy \tag{2.39}$$

ここに

$$V(x,y,\bar{r},\bar{s}) = W(x-\bar{r}, y-\bar{s}) - W(x,y) \tag{2.40}$$

となる．

もし収差がなければ $W(x, y)=0$, したがって $V=0$

$$OTF(\bar{r}, \bar{s}) = \frac{1}{A} \iint_G S(x-\bar{r}, y-\bar{s}) S(x, y)\, dx\, dy \quad (2.41)$$

となり瞳の形状, いいかえればレンズの開口の形の自己相関となる.

式 (2.39) あるいは, 式 (2.41) の「OTF は瞳関数の自己相関である」というのは OTF のいま一つの定義といえる.

§2.1 に述べた点像のフーリエ変換が OTF という定義は通信系の伝達関数の延長にすぎないが, この定義は最も光学的定義ということができる.

1955年 H. H. Hopkins[1] は上記の関係を導き, 焦点はずれの収差のある場合の OTF を計算し OTF は光学の新しい問題であることを人々に認識させた. O. H. Schade[2] はそれ以前にすでに OTF の概念をレンズ評価に導入していたのであるが, H. H. Hopkins が通信の言葉でなく光学の言葉で OTF を説明したので, これが以後の OTF の研究の発展の緒となったものである.

図 2.5 は瞳が円形の場合を示している. 瞳の中心Aから ϕ 方向にある A′ 点に一方の瞳の中心をずらし, 二つの瞳の重なり合う図形 BCB′C′ 内で $\exp[ikV(x, y; \bar{r}, \bar{s})]$ の積分を考えればよい.

収差がなければ, 式 (2.41) のように図形 BCB′C′ の面積そのものを求めればよい. 試みに

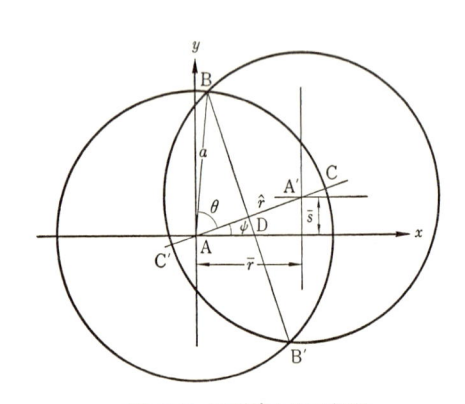

図 2.5 円形瞳の自己相関

これを求めてみると

$$\text{図形 BCB'C'} = 4 \times \text{図形 BCD}$$
$$= 4\{\text{扇形 ABC} - \text{三角形 ABD}\}$$

∠BAC=θ, 瞳の半径 a とおくと

$$\text{扇形 ABC} = \frac{\theta a^2}{2}$$

$$三角形\ ABD = \frac{1}{2}(a\sin\theta)(a\cos\theta) = \frac{a^2\sin 2\theta}{4}$$

したがって

$$図形\ BCB'C' = 4\left\{\frac{\theta a^2}{2} - \frac{a^2\sin 2\theta}{4}\right\}$$

$$= a^2\{2\theta - \sin 2\theta\}$$

瞳の全面積は πa^2 であるから,式 (2.41) で $A = \pi a^2$ とおいて

$$OTF(\bar{r}, \bar{s}) = \frac{1}{\pi}(2\theta - \sin 2\theta) \tag{2.42}$$

ここに

$$\cos\theta = \frac{AD}{AB} = \frac{1}{2a}\sqrt{\bar{r}^2 + \bar{s}^2} = \frac{\hat{r}}{2a}$$

この OTF は無収差レンズの OTF ということになる[3]．

上記の例の場合,瞳のずらし量 $\bar{r}$, $\bar{s}$ を極座標で表示するほうが便利である．図 2.5 で線分 AA' の長さ $\hat{r}$,方位 ϕ とおくと

$$\overline{AA'} = \hat{r} = \sqrt{\bar{r}^2 + \bar{s}^2}, \quad \tan\phi = \frac{\bar{s}}{\bar{r}} \tag{2.43}$$

であり,OTF を $(\hat{r}, \phi)$ で表示する．

瞳が中心対称であれば一方の瞳をどの方向にずらしても得られる相関は同じであるから,方位 ϕ に無関係である．したがって $\hat{r}$ のみで代表される．このときは,また $\bar{s} = 0$ とおいて $\hat{r} = \bar{r}$ としたものと同じと考えてもよい．

円形の無収差レンズのしゃ断周波数は瞳の半径 a とすると,図 2.5 からわかるように瞳の最大ずらし量 $\hat{r} = 2a$ であるから,$\lambda Rr = 2a$ より

$$r = \frac{2a}{\lambda R} \tag{2.44-a}$$

となる．

通常のレンズでは $2a/R$ はいわゆる有効な F ナンバーの逆数であるから,上式は

$$r = \frac{1}{\lambda F} \text{ (lines/mm)} \tag{2.44-b}$$

と書ける．ここに F は有効な F ナンバーである．もし $\lambda=500$ nm とすると $r=2000/F$ (lines/mm) となる．

2.3 コヒーレント光学系の空間周波数特性

前節で議論した空間周波数特性はインコヒーレント光学系の空間周波数特性である．これは，光学系の結像が「像の強度分布は物体の強度分布と点像のそれのたたみこみ積分で与えられる」ということから，光学系の周波数特性は点像の強度分布のフーリエ変換（式 (2.9) 参照）で定義された．レーザー光のようなコヒーレント光で物体が照明されている場合の光学系の結像は，物体ならびに点像の振幅分布についてたたみこみ積分が成立する．すなわち，「像の振幅分布は物体の振幅分布と点像のそれのたたみこみ積分で与えられる」と考える．以下，この場合の空間周波数特性を考えることにする．

A. Amplitude transfer function (ATF)

前節の OTF にならって点像の振幅分布のフーリエ変換を **振幅伝達関数** (amplitude transfer function) とよび，ATF と略記することにする．

瞳関数と点像の振幅分布 $ASF(u, v)$ は式 (2.23) に示されるように，二次元フーリエ変換の関係にある．そこで，フーリエ変換を記号 $\leftrightharpoons$ で表わすと

$$\text{瞳関数} \leftrightharpoons \text{点像} \leftrightharpoons \text{ATF}$$

の関係にあり ATF は瞳関数を 2 度フーリエ変換することになるから，瞳関数そのものになる．すなわち，点像の振幅分布のフーリエ変換 $A(r, s)$ を

$$A(r, s) = \iint_{-\infty}^{+\infty} ASF(u, v) e^{-i2\pi(ru+sv)} du\, dv \tag{2.45}$$

とし，amplitude transfer function を

$$ATF(r, s) = \frac{A(r, s)}{A(0, 0)} \tag{2.46}$$

と定義すると，式 (2.23) の

$$ASF(u, v) = C \iint_{-\infty}^{+\infty} f(x, y) e^{-i\frac{k}{R}(ux+vy)} dx\, dy$$

2.3 コヒーレント光学系の空間周波数特性

より

$$A(r,s) = C\iiiint_{-\infty}^{+\infty} f(x,y) e^{-i\left\{\left(2\pi r + \frac{k}{R}x\right)u + \left(2\pi s + \frac{k}{R}y\right)v\right\}} du\, dv\, dx\, dy$$

ここで

$$2\pi u/\lambda R = u_D,\ 2\pi v/\lambda R = v_D,\ \lambda Rr = \bar{r},\ \lambda Rs = \bar{s}$$

とおくと，上式の $u,\ v$ についての積分は式 (2.32-a) より

$$\iint_{-\infty}^{+\infty} e^{-i\left\{\left(2\pi r + \frac{k}{R}x\right)u + \left(2\pi s + \frac{k}{R}y\right)v\right\}} du\, dv$$

$$= \left(\frac{R}{k}\right)^2 \iint_{-\infty}^{+\infty} e^{-i\{(\bar{r}+x)u_D + (\bar{s}+y)v_D\}} du_D\, dv_D$$

$$= \left(\frac{2\pi R}{k}\right)^2 \delta(\bar{r}+x, \bar{s}+y)$$

となるから

$$A(r,s) = C\left(\frac{2\pi R}{k}\right)^2 \iint_{-\infty}^{+\infty} f(x,y)\delta(x+\bar{r}, y+\bar{s}) dx\, dy$$

$$= C\left(\frac{2\pi R}{k}\right)^2 f(-\bar{r}, -\bar{s}) \tag{2.47}$$

一方

$$A(0,0) = C\left(\frac{2\pi R}{k}\right)^2 f(0,0)$$

式 (2.22) の瞳関数の定義より

$$f(0,0) = 1$$

であるから，

$$ATF(r,s) = f(-\bar{r}, -\bar{s}) \tag{2.48}$$

となる．

上式は瞳関数 $f(x,y)$ が与えられたとき，これを裏返しにして $x=\bar{r}$, $y=\bar{s}$ と空間座標を周波数座標に変換すれば，ATF であることを示している．

もし瞳関数が中心対称であれば $\bar{r}$, $\bar{s}$ の正負は問題にならなくなる．したが

って，円形開口の無収差レンズのときは ATF は円形で座標 x, y を $\hat{r}, \hat{s}$ になおすだけですむ．このときのしゃ断周波数は瞳の半径 a であれば，$\hat{r}=a$ より

$$r = \frac{a}{\lambda R} \tag{2.49}$$

となる．これは，インコヒーレント光学系のそれの 1/2 である（式 (2.44-a) 参照）．

図 2.6 は横軸に $\hat{r}, \psi$ をとって円形無収差レンズの OTF と ATF を描いたものである．実線は ATF，破線は OTF である．ATF は瞳そのものであるから円筒形であり，OTF はその断面の曲線は式 (2.42) で与えられるものである．

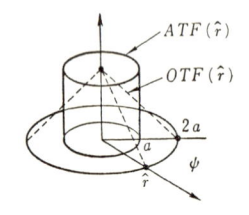

図 2.6 円形開口レンズの ATF と OTF
ATF：実線，OTF：破線，a：瞳の半径．

B. 斜め入射のときの ATF

物体の振幅透過率 $O_T(u', v')$ とし，これを法線の方向余弦が p, q である平面波で照明する場合を考える．物体透過後の振幅分布は $O_T(u', v') \exp[-ik(pu'+qv')]$ であり，光学系の倍率は簡単のため 1 と考える．点像の振幅分布 $ASF(u, v)$ とすると，像の振幅分布はこれとのたたみこみの積分で与えられ

$$I_T(u,v) = \iint_{-\infty}^{+\infty} O_T(u',v') e^{-ik(pu'+qv')} ASF(u-u', v-v') du' dv' \tag{2.50}$$

これをフーリエ変換したスペクトルを $i_T(r,s)$ とすると

$$i_T(r,s) = \iint_{-\infty}^{+\infty} I_T(u,v) e^{-i2\pi(ru+sv)} du\, dv$$

$$= \iiiint_{-\infty}^{+\infty} O_T(u',v') ASF(u-u', v-v') e^{-i\{2\pi ru + 2\pi sv + kpu' + kqv'\}} du' dv' du dv$$

ここで

$$2\pi ru + 2\pi sv + kpu' + kqv'$$
$$= 2\pi r(u-u') + 2\pi s(v-v') + (2\pi r + kp)u' + (2\pi s + kq)v'$$

とおき，また $u-u'=\bar{u}, v-v'=\bar{v}$ と書くと

$$\iint_{-\infty}^{+\infty} O_T(u', v') e^{-i\,2\pi\{(r+\frac{p}{\lambda})u' + (s+\frac{q}{\lambda})v'\}} du'dv' = o_T\left(r+\frac{p}{\lambda}, s+\frac{q}{\lambda}\right)$$

式 (2.47) より

$$\iint_{-\infty}^{+\infty} ASF(\bar{u}, \bar{v}) e^{-i\,2\pi(r\bar{u}+s\bar{v})} d\bar{u}\,d\bar{v} = C\left(\frac{2\pi R}{k}\right)^2 f(-\bar{r}, -\bar{s})$$

を用いると

$$i_T(r,s) = C\left(\frac{2\pi R}{k}\right)^2 o_T\left(r+\frac{p}{\lambda}, s+\frac{q}{\lambda}\right) f(-\bar{r}, -\bar{s})$$

$$= C\left(\frac{2\pi R}{k}\right)^2 o_T\left(r+\frac{p}{\lambda}, s+\frac{q}{\lambda}\right) ATF(r,s) \qquad (2.51)$$

となる．

また，ここで $r+(p/\lambda)=r'$, $s+(q/\lambda)=s'$ とおき，$\bar{r}=\lambda Rr$ を r' を用いて書くと

$$\bar{r} = \lambda R\left(r' - \frac{p}{\lambda}\right) = \lambda Rr' - pR = \bar{r}' - pR$$

同様に

$$\bar{s} = \bar{s}' - qR,$$

したがって

$$i_T(r,s) = C\left(\frac{2\pi R}{k}\right)^2 o_T(r', s') f(-(\bar{r}'-pR), -(\bar{s}'-qR))$$

$$= C\left(\frac{2\pi R}{k}\right)^2 o_T(r', s') ATF(\bar{r}'-pR, \bar{s}'-qR) \qquad (2.52)$$

となる．

これは，物体を斜めに照明するとコヒーレント光学系の ATF が斜め入射の平面波の法線の方向余弦 p, q に対応して pR, qR だけ横ずれすることがわかる．瞳についていえば，やはり pR, qR だけ横ずれすることになる．これは，しゃ断周波数を一方向についてではあるが斜め入射によって高くすることができることを示している．顕微鏡で暗視野照明にすると分解能が向上するのはこのためである．

図2.7は幅 $2a$ の一次元のスリット状瞳の場合の ATF で，(a)は物体に

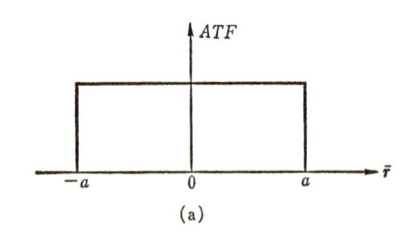

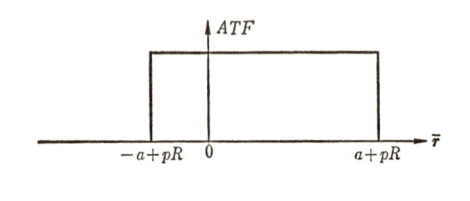

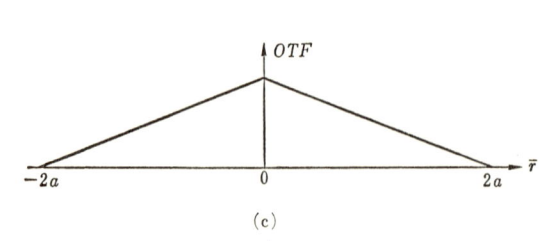

図 2.7 矩形開口の ATF
（a）コヒーレント照明，垂直入射，$2a$：スリット幅，（b）コヒーレント照明，斜め入射，（c）インコヒーレント照明．

垂直入射の場合，（b）は斜入射の場合，（c）はインコヒーレントの OTF である．（a）の場合，しゃ断周波数は $\bar{r}=a$ であるが，斜入射にすると一方向ではあるがしゃ断周波数を pR だけ高くできる．インコヒーレントでは相関をとるので周波数特性は直線的に減衰し，しゃ断周波数は $2a$ まで延びている．

2.4 カスケードなレンズ系の OTF

図 2.8 のように N 個のレンズがあり，レンズ L_1 による物体 O_1 の像を I_1，レンズ L_2 による I_1 の像を I_2，順次これを繰り返して N 番めのレンズ L_N による I_{N-1} の像を I_N とする．レンズ $L_1, L_2, \cdots, L_N$ の点像 PSF_1，PSF_2，$\cdots$，

2.4 カスケードなレンズ系の OTF

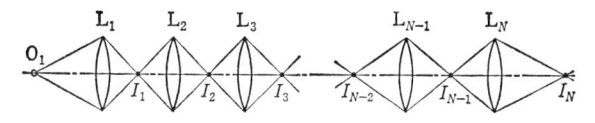

図 2.8 カスケードなレンズ系

PSF_N は既知であるとすると，最終像 I_N はそれぞれのレンズについてたたみこみの積分を行い

$$I_N = O_1 * PSF_1 * PSF_2 \cdots * PSF_N$$

で与えられる．＊は接合積の記号である．

しかし，これではとうてい見通しのよい解を得ることはできない．しかしこれを空間周波数領域で考えると，$O_1, I_1, I_2, \cdots, I_N,$ のスペクトルをそれぞれ $o_1, i_1, i_2, \cdots, i_N$，レンズ $L_1, L_2, \cdots, L_N$ の OTF をそれぞれ $OTF_1, OTF_2, \cdots, OTF_N$ とおくと，

$$i_1 = OTF_1 \times o_1$$
$$i_2 = OTF_2 \times i_1$$
$$\cdots\cdots\cdots\cdots\cdots$$
$$i_N = OTF_N \times i_N$$

の関係があるから

$$i_N = \prod_{j=1}^{N} OTF_j \times o_1 = OTF_s \times o_1 \tag{2.53}$$

となり，おのおのの OTF の積で合成の OTF_s を考えれば1枚のレンズの結像に帰着することができる．このレンズは一般に結像系と読み直してもよい．これは OTF で考える利点の一つである．

しかし，この理論は各レンズの像がそれぞれインコヒーレントであることを前提としているから，実際はスリガラスなどを像面に挿入して像を一つ一つインコヒーレントにしなければならない．次章で述べるけれども，インコヒーレント照明の物体もいちどレンズで結像されると像面では部分コヒーレントになるから，実際のレンズの合成では，この理論を応用することができない．もしインコヒーレントの仮定が実際上そう大きな誤差を生じないときに，はじめてこの理論は適用される．たとえば写真レンズと写真フィルムの結合，イメイジ

インテンシイファイヤとレンズの結合は一般にインコヒーレントの仮定が成立するとみなされている.

§2.3 で述べた純粋にコヒーレント光学系の場合にはレンズを通っても部分コヒーレントにはならないから，上記の OTF を ATF におきかえて

$$i_{TN}=\prod_{i=1}^{N} ATF_j \times o_{T1} = ATF_s \times o_{T1} \qquad (2.54)$$

と考えられる．ここに，o_{T1} は物体 O_1 の振幅分布のスペクトルである．式(2.48)より ATF と瞳関数の間には定数Kとして

$$ATF_j = K_j f_j$$

の関係があり，瞳関数 f_j は波面収差 $W_j(x_j, y_j)$ の座標を $\bar{r}, \bar{s}$ におきかえて

$$ATF_j = K_j f_j = K_j S_j e^{iW_j}$$

と書けるから

$$ATF_s = \prod_j^N ATF_j = \prod_j^N K_j S_j e^{\Sigma iW_j} = S_s e^{i\varphi} \qquad (2.55)$$

と書くと ATF の位相項 φ は波面収差 W_j の和ということになる.

レンズ設計ではレンズの各面により生ずる収差の和が合成レンズの収差としているが，この関係は周波数特性でも全く同じである．いいかえれば，レンズ設計はコヒーレント光学系としてこれを扱っているということである.

なお，部分コヒーレントの場合は次章で述べる.

文　献

1) H. H. Hopkins : *Proc. R. Soc. London*, **A231** (1955), 91.
2) O. H. Schade : *NBS Circular*, **526** (1954), 231.
3) H. H. Hopkins and M. J. Yzuel : *Optica Acta*, **17** (1970), 157.

3

コヒーレンシイと空間周波数特性

　光の波動は $A\exp[i(\omega t-\varphi)]$ と書いて記述されるが，これは光の放射の機構を考えれば単色光の瞬時値にすぎない．すなわち，A および φ は時間とともに変化しており，また ω もある幅 $\Delta\omega$ の間で変動している．そこで，二つの光を重ね合わせたとき瞬間的には干渉を生じるが，観測時間を平均して考えた場合必ずしも干渉効果が観測されるとは限らない．可干渉性の光（コヒーレントな光），非可干渉性の光（インコヒーレントな光）といった光の状態は時間平均した結果，なお干渉が認められるかどうかということで判断される．

　光の角周波数幅 $\Delta\omega$ の状態，振幅 A，位相 φ の状態も本来光源の発光機構に原因するものであるから，逆に可干渉性を知ることによって光源のこれらの情報を知ることができる．ここでは，可干渉性と結像の関係を調べようというものである．

3.1 相互強度

　図 3.1 のように観測点 Q で点 Q_1' からくる光の複素振幅 $V_1(t)$，Q_2' 点からくる光のそれを $V_2(t)$ とすると，Q 点での光の強度は瞬

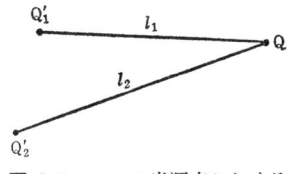

図 3.1 二つの光源点からくる光の寄与

間的には $|V_1(t)+V_2(t)|^2$ で与えられるが,観測される強度はこれの時間平均で観測時間 T として

$$I(Q)=\frac{1}{T}\int_0^T |V_1(t)+V_2(t)|^2 dt$$

である.以下この時間平均を $\langle\ \rangle$ で示すと

$$I(Q)=\langle|V_1(t)|^2\rangle+\langle|V_2(t)|^2\rangle+\langle V_1(t)V_2^*(t)+V_1^*(t)V_2(t)\rangle$$
$$=I_1+I_2+2\,\mathrm{Re}\langle V_1(t)V_2^*(t)\rangle \tag{3.1}$$

ここに

$$\left.\begin{array}{l} I_1=\langle|V_1(t)|^2\rangle \\ I_2=\langle|V_2(t)|^2\rangle \end{array}\right\} \tag{3.2}$$

これらは Q_1' 点,Q_2' 点からの光が Q 点で単独に示す強度である.また * 印は共役複素数,R_e は実部を示す記号である.

$V_1(t)$,$V_2(t)$ が互いに独立で位相を勝手にかえる場合は上式の第3項は時間平均すると消えてしまい,

$$I(Q)=I_1+I_2 \tag{3.3}$$

となる.

これは,Q点の強度は Q_1' 点,Q_2' 点からくる光の強度和となることを示している.$V_1(t)$ と $V_2(t)$ の間に相関があると第3項がきいてきて,$I(Q)$ の値は強度和とはならなくなる.そこで,この第3項をより一般的な形で書いて相互コヒーレンス (mutual coherence) といっている.すなわち,波動 $V_1(t)$ と $V_2(t)$ の間に時間遅れ τ を与えて相互相関をとるようにする.

$$\Gamma_{12}(\tau)=\langle V_1(t+\tau)V_2^*(t)\rangle \tag{3.4}$$

これを**相互コヒーレンス**[†] といっている.

この相互コヒーレンスは $\tau=0$ とおいて,また $V_1(t)$,$V_2(t)$ ともに同じ波動とすると

$$\left.\begin{array}{l} \Gamma_{11}(0)=\langle V_1(t)V_1^*(t)\rangle=I_1 \\ \Gamma_{22}(0)=\langle V_2(t)V_2^*(t)\rangle=I_2 \end{array}\right\} \tag{3.5}$$

---

† M. Born and E. Wolf: *Principles of Optics*, p. 500 (Pergamon Press, 1964).

3.1 相互強度

となるから，これは Q_1' 点，Q_2' 点からのみの光による Q 点の強度を表わすこともできる．

図 3.2 はよく知られているヤングの複スリットの配置である．スリット間隔 d，スリットとスクリーンの間隔を D，またスクリーン上にスリットと直角方向に X 座標をとる．この複スリットを角周波数 ω の単色光で照明したときのスクリーン上にできる干渉縞の強度分布は

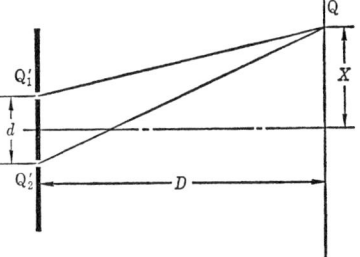

図 3.2 ヤングの複スリット

$$I \sim \cos^2\left(\frac{\omega \, dX}{2vD}\right) \tag{3.6}$$

で与えられる．ここに v は媒質中の光速度である．

照明光が $E(\omega)$ という周波数分布をもつときは各周波数に対する干渉縞は強度で重なり合うから，合成の強度は

$$I \sim \int_{-\infty}^{+\infty} E(\omega) \cos^2\left(\frac{\omega \, dX}{2vD}\right) d\omega$$

で与えられる．

この干渉縞のコントラスト（モジュレイション）はマイケルソンが解いている[†] ように $dX/vD = \tau$，中心角周波数を ω_0 として $\omega = \omega_0 - \nu$，また $E(\omega_0 - \nu)$ を改めて $E(\nu)$ とおくと，上式は

$$I \sim \frac{1}{2} \int_{-\infty}^{+\infty} E(\nu)(1 + \mathrm{R_e}\, e^{i\tau(\omega_0 - \nu)}) \, d\nu$$

$$= \frac{1}{2}\left[\int_{-\infty}^{+\infty} E(\nu) d\nu + \mathrm{R_e}\, e^{i\tau\omega_0} \int_{-\infty}^{+\infty} E(\nu) e^{-i\tau\nu} \, d\nu \right] \tag{3.7}$$

ここで $\mathrm{R_e}$ は実部を表わす記号である．

この干渉縞のコントラスト M は

[†] たとえば久保田 広：波動光学，p. 114（岩波書店，1971）．

$$M = \frac{\int_{-\infty}^{+\infty} E(\nu) e^{-i\tau\nu} d\nu}{\int_{-\infty}^{+\infty} E(\nu) d\nu} \tag{3.8}$$

で与えられる．すなわち $E(\nu)$ のフーリエ変換である．そこで，このコントラスト M がほぼ1であれば式 (3.7) は $\int_{-\infty}^{+\infty} E(\nu) d\nu = 1$ と正規化して

$$I \sim \frac{1}{2}(1+\cos\tau\omega_0) = \cos^2\left(\frac{\tau\omega_0}{2}\right) = \cos^2\left(\frac{\omega_0 dX}{2vD}\right)$$

となり，式 (3.6) と比較して角周波数 ω_0 の単色光のときと全く同じ干渉縞になる．これは，このようなコントラストがほぼ1であるという条件下では，波動を中心角周波数 ω_0 を用いて $A\exp[i(\omega_0 t - \varphi)]$ と記述してもよいことを意味している．

このコントラストがほぼ1である条件とは，別の見方をすれば式 (3.8) の分子で

$$\tau\nu \ll 1 \tag{3.9}$$

であればよいということである[†1]．

$E(\nu)$ が角周波数幅 $\Delta\omega$ の中に限られているときは，式 (3.8) の ν の積分範囲は $\Delta\omega$ と考えてよい．また $\tau = dX/vD$ は光が Q_1', Q_2' 点から Q に到達するまでの時間差であるから，式 (3.9) は二つの光に与える時間差 τ と角周波数幅 $\Delta\omega$ の積が1より非常に小さいと読み直すことができる．このような条件下の光を**準単色光**[†2] (quasi monochromatic light) という．この準単色光の場合は，式 (3.4) の相互コヒーレンスは τ を0にしてしまってもそう大きな誤差は生じないから

$$\varGamma_{12}(0) = \langle V_1(t) V_2^*(t) \rangle = J_{12} \tag{3.10}$$

と考えてよい．これを**相互強度**[†3] (mutual intensity) という．

$V_1(t)$, $V_2(t)$ が同一波動のときは式 (3.5) より

[†1] M. Born and E. Wolf: *Principles of Optics*, p. 507 (Pergamon Press, 1964).
[†2] 同上, p. 269.
[†3] 同上, p. 507.

3.1 相互強度

$$\left.\begin{array}{l}\Gamma_{11}(0)=\langle V_1(t)V_1{}^*(t)\rangle=J_{11}=I_1\\ \Gamma_{22}(0)=\langle V_2(t)V_2{}^*(t)\rangle=J_{22}=I_2\end{array}\right\} \quad (3.11)$$

である．

この相互強度を用いて式 (3.1) を書くと

$$I(Q)=I_1+I_2+2\,\mathrm{Re}[J_{12}] \quad (3.12)$$

これはQ点の強度は Q_1' 点からの強度，Q_2' 点からの強度，さらに相互強度の三つの和であることを示している．

式 (3.10) で定義される相互強度を $\sqrt{I_1 I_2}$，すなわち $\sqrt{J_{11}J_{22}}$ で正規化し

$$\mu_{12}=\frac{J_{12}}{\sqrt{J_{11}J_{22}}}=\frac{1}{\sqrt{I_1 I_2}}\langle V_1(t)V_2{}^*(t)\rangle \quad (3.13)$$

としたものを**複素コヒーレンス度**[†] (complex degree of coherence) という．これは一般に複素数で，その絶対値を**コヒーレンス度** (degree of coherence) という．

$$|V_1(t)V_2{}^*(t)|^2\leq (|V_1(t)||V_2(t)|)^2\leq |V_1(t)|^2|V_2(t)|^2$$

より

$$|\mu_{12}|^2\leq 1$$

すなわち

$$|\mu_{12}|\leq 1 \quad (3.14)$$

となる．

この複素コヒーレンス度を用いて式 (3.12) を書き直すと

$$I(Q)=I_1+I_2+2\sqrt{I_1 I_2}\,\mathrm{Re}[\mu_{12}] \quad (3.15)$$

となる．

$\mu_{12}=0$ ならば $I(Q)=I_1+I_2$ で，これは Q_1'，Q_2' からの光の強度和であり，**インコヒーレント**の状態という．

$\mu_{12}=1$ ならば $I(Q)=(\sqrt{I_1}+\sqrt{I_2})^2$ で，これは Q_1'，Q_2' からの振幅（ただし位相は無視している，あるいは同位相と考えてもよい）の和であり，**コヒーレント**の状態という．

[†] M. Born and E. Wolf: *Principles of Optics*, p. 507 (Pergamon Press, 1964).

すなわちインコヒーレントの状態, コヒーレントの状態は μ_{12} が 0 か 1 で表わされる. この中間の値, すなわち $0\leq|\mu_{12}|\leq 1$ の値のとき**部分コヒーレントの状態**（partial coherent）という.

3.2 等価光源 (effective source)

　光源が点光源の場合は光の周波数特性 $E(\nu)$ が μ_{12} に影響を与える. 通常これを**時間的コヒーレンス**（temporal coherence）という. たとえばヘリウム-ネオンレーザーの場合, 空間的に単一モードにすると光源の広がりは実際上点光源とみなせる. そしてコヒーレンスは縦モード, すなわちドップラー幅の中に幾本発振スペクトルがはいっているかということで決まる. ところがルビーレーザーの場合 1 回のキセノンの放電中に 1 マイクロセカンドぐらいのパルス発振が数百回繰り返される. その発振箇所はルビーの中の 1 箇所に決まっておらず, パルス発振ごとに勝手な場所を選んで発振している. したがって, 発振の始めから終わりまでを平均するとある広がりのある光源とみることができる. それはちょうど広がりのあるインコヒーレント光源（たとえば電球のフィラメント）と同様となり, この広がりによる μ_{12} の変化が認められる. このようにインコヒーレント光源の広がりによる μ_{12} の変化を**空間的コヒーレンス**（spatial coherence）といっている.

　太陽光とか電球は, 時間的にもまた空間的にもインコヒーレントであるが, ここでは以下空間的コヒーレンスをおもに問題とするので, 簡単のためにルビーレーザーのように時間的コヒーレンスはよいが, 空間的にはインコヒーレントに近い光源を仮定する. すなわち, 点光源にするとほぼコヒーレント光になる準単色光源が空間的に集合してある大きさの光源をつくっているとする. 実際には, 白熱電球にかなり半値幅の狭い単色フィルターをかけた光源とか, 高圧水銀燈のような放電管に単色フィルターをかけ所望の輝線スペクトルのみを取り出した光源を考える.

　このような光源で照明されている面のコヒーレンスはどうなるかを以下考える. 前節で述べたように, 準単色光は中心角周波数 ω_0 としてその波動を $A\exp$

3.2 等価光源

$[i(\omega_0 t - \varphi)]$ で記述できる．これを用い，いま光源を M 個の点光源の集合と考え，その中の m 番めの点 S_m から放射される準単色光を $A_m \exp[i(\omega_0 t - \varphi_m)]$ で表わすとする．図 3.3 に示すように受光面上の Q_1' 点における複素振幅は $\overline{S_m Q_1'} = l_{1m}'$ とおいて

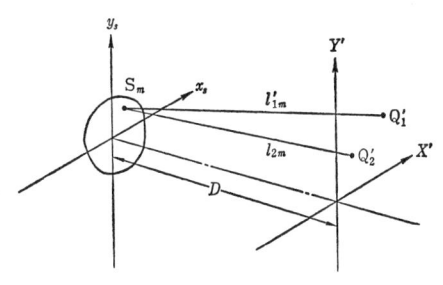

図 3.3 一次光源で照明されている受光面上のコヒーレンシイ

$A_m \exp[i(\omega_0 t - \varphi_m + kl_{1m}')]/l_{1m}'$ と書ける．それは S_m 点の複素振幅に比べ，Q_1' 点では振幅は $1/l_{1m}'$ だけ減衰し，位相は kl_{1m}' だけ遅れるからである．ここに $k = 2\pi/\lambda_0$，λ_0 は ω_0 に対応する中心波長である．同様に S_m 点から放射する光が Q_2' 点に到達するときの複素振幅は $\overline{S_m Q_2'} = l_{2m}'$ とおいて，$A_m \exp[i(\omega_0 t - \varphi_m + kl_{2m}')]/l_{2m}'$ で与えられる．

光源の各点から上記のような複素振幅が Q_1' 点，Q_2' 点にくるから，Q_1' 点，Q_2' 点におけるそれぞれの合成の振幅 $V_1(t)$，$V_2(t)$ は $m = 1, 2, \cdots, M$ として

$$V_1(t) = \sum_{m=1}^{M} A_m \exp[i(\omega_0 t - \varphi_m + kl_{1m}')]/l_{1m}'$$

$$V_2(t) = \sum_{m=1}^{M} A_m \exp[i(\omega_0 t - \varphi_m + kl_{2m}')]/l_{2m}'$$

となる．

受光面上のコヒーレンシイは Q_1'，Q_2' 点における複素振幅を用いて相互強度をみればよいから，式 (3.10) に上式を代入する．ただし，計算の便方として $V_2(t)$ の m は n とする．

$$J_{12}(Q_1', Q_2') = \left\langle \sum_{m,n=1}^{M} A_m A_n^* \frac{e^{-i(\varphi_m - \varphi_n)} e^{ik(l_{1m}' - l_{2n}')}}{l_{1m}' l_{2n}'} \right\rangle$$

ところが S_m 点の光は他の光源点からの光とは干渉しないから $m \neq n$ の項は時間平均をとると消え，$m = n$ の項のみ残り

$$J_{12}(Q_1', Q_2') = \sum_{m=n=1}^{M} \langle A_m A_m^* \rangle \frac{e^{ik(l_{1m}' - l_{2m}')}}{l_{1m}' l_{2m}'}$$

となる.

$\langle A_m A_m^* \rangle = \langle |A_m|^2 \rangle = I_m$, すなわち S_m 点の強度であるから

$$J_{12}(Q_1', Q_2') = \sum_{m=1}^{M} I_m \frac{e^{ik(l_{1m}'-l_{2m}')}}{l_{1m}' l_{2m}'}$$

以上は点光源が M 個離散的に存在する場合である. これを連続の場合に拡張すると光源の面素 dS として $I_m = I(S)dS$ とおき, l_{1m}', l_{2m}' は単に l_1', l_2' と書くと

$$J_{12}(Q_1', Q_2') = \int_S I(S) \frac{e^{ik(l_1'-l_2')}}{l_1' l_2'} dS \tag{3.16}$$

と積分の形で書ける. ここに $I(S)$ は光源の強度分布である.

$$J_{11}(Q_1') = \int_S \frac{I(S) dS}{l_1'^2}, \quad J_{22}(Q_2') = \int_S \frac{I(S) dS}{l_2'^2}$$

式 (3.16) ならびに上式の分母の l_1', l_2' は積分範囲 S 内では一定と考えて積分の外に出せるので, コヒーレンス度は

$$\mu_{12} = \frac{\int_S I(S) e^{ik(l_1'-l_2')} dS}{\int_S I(S) dS} \tag{3.17}$$

で与えられる.

図 3.3 のように光源面上に直角座標 x_s, y_s, 受光面上に直角座標 X', Y' をとり, S_m, Q_1', Q_2' 点の座標をそれぞれ (x_s, y_s), (X_1', Y_1'), (X_2', Y_2') とおくと, これら座標点が D に比較して十分小さいとすると

$$\overline{S_m Q_1'} = l_{1m}' = l_1' = \sqrt{(X_1'-x_s)^2+(Y_1'-y_s)^2+D^2}$$
$$\doteqdot D + \frac{1}{2D}\{(X_1'-x_s)^2+(Y_1'-y_s)^2\}$$

同様に

$$\overline{S_m Q_2'} = l_{2m}' = l_2' \doteqdot D + \frac{1}{2D}\{(X_2'-x_s)^2+(Y_2'-y_s)^2\}$$

したがって

$$l_1' - l_2'$$
$$= \frac{1}{2D}\{(X_1'^2+Y_1'^2)-(X_2'^2+Y_2'^2)\} - \frac{1}{D}\{(X_1'-X_2')x_s+(Y_1'-Y_2')y_s\}$$

第1項はϕとおき,上式を式 (3.17) に代入し,また $I(S)$ は $I(x_s, y_s)$, dS は $dx_s dy_s$ と書いて

$$\mu_{12} = \frac{e^{ik\phi} \int_S I(x_s, y_s) e^{-i\frac{k}{D}\{(X_1'-X_2')x_s + (Y_1'-Y_2')y_s\}} dx_s dy_s}{\int_S I(x_s, y_s) dx_s dy_s} \qquad (3.18)$$

となる.

これは光源の強度分布と同じ形の振幅分布をもつ開口に平面波が入射するときのフラウンホーファ回折と同一式となる.ここで μ_{12} は $X_1'-X_2'$, $Y_1'-Y_2'$ と2点間の距離の関数となることに注意すべきである.これを **Van Cittert-Zernike**[†] **の定理**という.

上式から光源(一次光源)の強度分布の空間周波数スペクトルがコヒーレンス度であるということができる.これから逆にコヒーレンス度をフーリエ変換すると光源の強度分布が求められることになる.実際の光源がどういう形をしているか不明のときも,コヒーレンス度を測定し,これをフーリエ変換すれば一次光源の強度分布を推定することができる.このようにして求められる一次光源を**等価光源** (effective source)[1] という.

3.3 部分的コヒーレント光学系の結像

図3.4(a) のようにインコヒーレントな一次光源で照明されている透過物体の結像を考える.

一次光源面Sの座標 (x_s, y_s),物体面の座標 (X', Y'),結像レンズの入射瞳,射出瞳面の座標をそれぞれ (x, y),像面の座標を (X, Y) とする.

光源と物体面の間には Van Cittert-Zernike の定理によりフーリエ変換の関係があり,その間隔を D とし,物体面の2点間の距離 $\Delta X'$, $\Delta Y'$ とするとフーリエ変換の指数項の肩つきは $2\pi(\Delta X' x_s + \Delta Y' y_s)/\lambda D$,また物体の回折像が入射瞳面の振幅分布を与えると考えると,この間にも回折積分のフーリエ変換

[†] M. Born and E. Wolf: *Principles of Optics*. p. 508 (Pergamon Press, 1964).

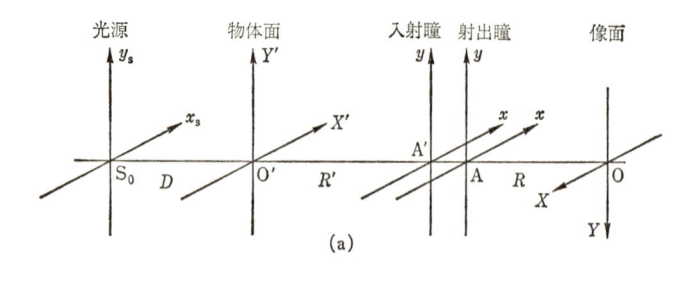

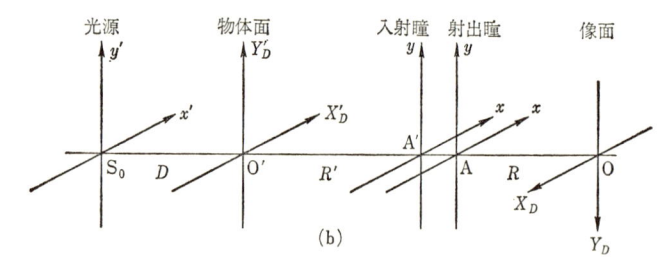

図 3.4 照明光学系をもつ結像光学系の座標のとり方
(a) 座標スケールを実寸法にとる場合，(b) 座標スケールを回折単位 (diffraction unit) にとる場合．

の関係があり，その指数項の肩つきは $2\pi(xX'+yY')/\lambda R'$ である．ここに R' は物体と入射瞳の間隔である．さらに射出瞳と像の間にも回折積分が成り立ち，そのフーリエ変換の指数項の肩つきは $2\pi(xX+yY)/\lambda R$ である．ここに R は射出瞳と像面の距離である．

フーリエ変換の計算の際，指数項の肩つきに係数がつくと面倒であるから，ここでは §2.2 B. で述べた diffraction unit を用いることにする．すなわち，図 3.4(b) に示すように光源の座標 (x_s, y_s) を (x', y')，両瞳座標 (x, y) はそのままとし，物体座標，像面座標は (X', Y') を (X_D', Y_D')，(X, Y) を (X_D, Y_D) とスケーリングをした後はサフィックス D をつけることにする．この変換式は以下のようである．

$$\left.\begin{array}{l} x'=x_s R'/D, \ y'=y_s R'/D \\ X_D'=2\pi X'/\lambda R', \ Y_D'=2\pi Y'/\lambda R' \\ X_D=2\pi X/\lambda R, \ Y_D=2\pi Y/\lambda R \end{array}\right\} \qquad (3.19)$$

3.3 部分的コヒーレント光学系の結像

このようなスケーリングをした座標にとると，それぞれのフーリエ変換の指数項の肩つきは，光源と物体間では $-i(x'X_D'+y'Y_D')$，物体と瞳間では $-i(xX_D'+yY_D')$，瞳と物体間では $-i(xX_D+yY_D)$ となる．

なお，ここで扱うレンズ系は像面全体にわたりアイソプラナティズムが成立していると仮定し，それぞれの座標原点はすべて光軸と面の交点 S_0，O'，A'，A，O（図3.4参照）にとる．なお一次元で取り扱っても本質は二次元と変わらないから，簡単のため以下一次元で扱うことにする．

一次光源の面素 dS_m による物体面の照明光の振幅分布は dS_m の位置 x_m' に依存するから，これを $A(x_m', X_D')$ で表わす．物体の振幅透過率 $O(X_D')$ とし，この物体面に Q_1' と Q_2' の2点を考える．すると，Q_1' 点の複素振幅は $A(x_m', X_{D1}')O(X_{D1}')$，$Q_2'$ 点のそれは $A(x_m', X_{D2}')O(X_{D2}')$ で与えられる．結像レンズの点像の振幅分布 $ASF(X,Y)$ とすると，いま一次元で考えているから $ASF(X)$ で書くとして，Q_1'，Q_2' 点に対応する像面上の振幅 $V_1(X_D)$，$V_2(X_D)$ はそれぞれ物体と点像の接合積を光源について加え合わせたものであるから

$$V_1(X_D) = \sum_m \int_{-\infty}^{+\infty} A(x_m', X_{D1}')O(X_{D1}')ASF(X_D-X_{D1}')dX_{D1}'$$

$$V_2(X_D) = \sum_m \int_{-\infty}^{+\infty} A(x_m', X_{D2}')O(X_{D2}')ASF(X_D-X_{D2}')dX_{D2}'$$

この $V_1(X_D)$，$V_2(X_D)$ の相互強度をとると

$$\begin{aligned} J_{12}(X_D) &= \langle V_1(X_D)V_2^*(X_D) \rangle \\ &= \iint_{-\infty}^{+\infty} \left\langle \sum_m \sum_n A(x_m', X_{D1}')A^*(x_n', X_{D2}') \right\rangle O(X_{D1}')O^*(X_{D2}') \\ &\quad \times ASF(X_D-X_{D1}')ASF^*(X_D-X_{D2}')\,dX_{D1}'\,dX_{D2}' \end{aligned} \quad (3.20\text{-a})$$

この時間平均の項は $m=n$ のときのみ存在する．光源が連続のときは x_m' を x'，面素 dS_m を dx' とし $\sum$ を積分の形に書くと

$$\left\langle \sum_m A(x_m', X_{D1}')A^*(x_m', X_{D2}') \right\rangle = \left\langle \int_S A(x', X_{D1}')A^*(x', X_{D2}')dx' \right\rangle$$
$$= J_{12}(X_{D1}', X_{D2}') \quad (3.21\text{-a})$$

これは，物体面上の相互強度を示している．これを用いると式 (3.20-a) は

$$J_{12}(X_D) = \iint_{-\infty}^{+\infty} J_{12}(X_{D1}', X_{D2}') O(X_{D1}') O^*(X_{D2}') ASF(X_D - X_{D1}') ASF^*(X_D - X_{D2}') \, dX_{D1}' dX_{D2}' \tag{3.20-b}$$

と書ける.

物体面上の複素コヒーレンス度を $\mu_{12}(Q_1', Q_2')$ とすると

$$\mu_{12}(Q_1', Q_2') = \frac{J_{12}(X_{D1}', X_{D2}')}{\sqrt{J_{11}(X_{D1}')J_{22}(X_{D2}')}} \tag{3.21}$$

ただし

$$J_{11}(X_{D1}') = \left\langle \int |A(x', X_{D1}')|^2 dx' \right\rangle$$

$$J_{22}(X_{D2}') = \left\langle \int |A(x', X_{D2}')|^2 dx' \right\rangle$$

J_{11}, J_{22} はそれぞれ Q_1' 点, Q_2' 点の強度である.

ここで $\mu_{12}(Q_1', Q_2')$ は Q_1' 点, Q_2' 点の距離 $\overline{Q_1'Q_2'}$ のみの関数であるとすると

$$\mu_{12}(Q_1', Q_2') = \mu_{12}(|X_{D1}' - X_{D2}'|)$$

したがって, 式 (3.21) はさらに

$$J_{12}(X_{D1}', X_{D2}') = K\mu_{12}(|X_{D1}' - X_{D2}'|) \tag{3.22}$$

と書ける. ここに $K = \sqrt{J_{11}(X_{D1}')J_{22}(X_{D2}')}$ である.

物体の回折像は入射瞳面にできるとして, この回折像を

$$o(x) = \int_{-\infty}^{+\infty} O(X_D') e^{-ixX_D'} dX_D'$$

とすると, 逆フーリエ変換の関係から

$$O(X_D') = \frac{1}{2\pi} \int_{-\infty}^{+\infty} o(x) e^{ixX_D'} dx$$

の関係がある. それで

$$\left. \begin{array}{l} O(X_{D1}') = \dfrac{1}{2\pi} \int_{-\infty}^{+\infty} o(x_1) e^{ix_1 X_{D1}'} dx_1 \\[6pt] O(X_{D2}') = \dfrac{1}{2\pi} \int_{-\infty}^{+\infty} o(x_2) e^{ix_2 X_{D2}'} dx_2 \end{array} \right\} \tag{3.23}$$

とおいて式 (3.20-b) を書き換えると (式 (3.22) も用いる)

3.3 部分的コヒーレント光学系の結像

$$J_{12}(X_D) = \frac{K}{(2\pi)^2} \int\!\!\!\int\!\!\!\int\!\!\!\int_{-\infty}^{+\infty} \mu_{12}(|X_{D1}' - X_{D2}'|) o(x_1) o^*(x_2) ASF(X_D - X_{D1}')$$
$$\times ASF^*(X_D - X_{D2}') e^{i(x_1 X_{D1}' - x_2 X_{D2}')} dX_{D1}' dX_{D2}' dx_1 dx_2$$

上式で

$$x_1 X_{D1}' - x_2 X_{D2}' = (x_1 - x_2) X_D - (X_D - X_{D1}') x_1 + (X_D - X_{D2}') x_2$$

とおくと

$$J_{12}(X_D) = \frac{1}{(2\pi)^2} \int\!\!\!\int_{-\infty}^{+\infty} o(x_1) o^*(x_2) R(x_1, x_2) e^{-i(x_2 - x_1) X_D} dx_1 dx_2 \quad (3.24)$$

と書ける。ここに

$$R(x_1, x_2) = K \int\!\!\!\int_{-\infty}^{+\infty} \mu_{12}(|X_{D1}' - X_{D2}'|) ASF(X_D - X_{D1}') ASF^*(X_D - X_{D2}')$$
$$\times e^{-i(X_D - X_{D1}') x_1} e^{i(X_D - X_{D2}') x_2} dX_{D1}' dX_{D2}' \quad (3.25)$$

式 (3.24) で, もし $R(x_1, x_2) = 1$ であれば

$$J_{12}(X_D) = \left[\frac{1}{2\pi} \int o(x_1) e^{ix_1 X_D} dx_1\right] \left[\frac{1}{2\pi} \int o^*(x_2) e^{-ix_2 X_D} dx_2\right]$$
$$= O(X_D) O^*(X_D) = |O(X_D)|^2 \quad (3.26)$$

これは, 物体と同じ形の像の強度分布を与えることを示している。すなわち理想の結像になる。したがって, $R(x_1, x_2)$ はコヒーレンスのために像の強度分布が変化する程度を示すことがわかる。これを **transmission cross-coefficient**[1] といっている。

この transmission cross-coefficient は

$$X_D - X_{D1}' = \alpha, \quad X_D - X_{D2}' = \beta, \quad X_{D1}' - X_{D2}' = \beta - \alpha$$

とおくと

$$R(x_1, x_2) = K \int\!\!\!\int_{-\infty}^{+\infty} \mu_{12}(|\beta - \alpha|) ASF(\alpha) ASF^*(\beta) e^{-i(\alpha x_1 - \beta x_2)} d\alpha\, d\beta \quad (3.27\text{-a})$$

と書ける。

瞳面上に等価光源を考えて $s_E(x)$ とすると, Van Cettert-Zernike の定理か

ら

$$\mu_{12}(|\beta-\alpha|)=\frac{\int_{-\infty}^{+\infty}s_E(x)e^{i(|\beta-\alpha|)x}dx}{\int_{-\infty}^{+\infty}s_E(x)dx}$$

であるから,ここで簡単のために $\int_{-\infty}^{+\infty}s_E(x)dx=K$ とおくと式 (3.27-a) は

$$R(x_1,x_2)$$
$$=\iiint_{-\infty}^{+\infty}s_E(x)ASF(\alpha)ASF^*(\beta)e^{-i(|\beta-\alpha|)x}e^{-i(\alpha x_1-\beta x_2)}d\alpha\,d\beta\,dx$$
$$=\int_{-\infty}^{+\infty}s_E(x)\,dx\int_{-\infty}^{+\infty}ASF(\alpha)e^{i(x-x_1)\alpha}d\alpha\int_{-\infty}^{+\infty}ASF^*(\beta)e^{-i(x-x_2)\beta}d\beta \quad (3.27\text{-b})$$

点像の振幅分布 $ASF(X)$ と瞳関数 $f(x)$ とは式 (2.23) で与えられるが,これを diffraction unit で書くと

$$ASF(X_D)=C\iint_{-\infty}^{+\infty}f(x)e^{-ixX_D}dx$$

したがって,フーリエ逆変換の関係から

$$f(x)=\frac{1}{2\pi C}\int_{-\infty}^{+\infty}ASF(X_D)e^{ixX_D}\,dX_D \quad (3.28)$$

これを式 (3.27-b) に代入すると

$$R(x_1,x_2)=(2\pi C)^2\int_{-\infty}^{+\infty}s_E(x)f(x-x_1)f^*(x-x_2)dx \quad (3.29)$$

瞳面の座標 x_1, x_2 は物体面上の光のコヒーレンスを知るために物体面上に2点を考えたために導入されたものであるが,式 (3.23) を見ると2点の座標 X_{D1}', X_{D2}' をそれぞれ流通座標と考えてしまうと $o(x_1), o^*(x_1)$ は物体のスペクトルならびに,その共役スペクトルを示すから,これらはそれぞれ空間周波数である.たとえば,物体が振幅で考えて単純な正弦波格子で $\cos 2\pi r_0 X'$ であるとすると

$$\cos 2\pi r_0 X'=\frac{1}{2}\{e^{i\,2\pi r_0 X'}+e^{-i\,2\pi r_0 X'}\}$$

であるから,これをフーリエ変換した物体のスペクトルは二つの δ 関数で表わ

3.3 部分的コヒーレント光学系の結像

され,その瞳上の位置は $x_1=\lambda R'r_0$, $x_2=-\lambda R'r_0$ である.ここに R' は物体と入射瞳の間の距離である.このことは,上記のように瞳座標は物体の周波数に対応することを示している.

もちろん正弦波格子を像面で考えると,式 (2.34) で示したように $x_1=\lambda Rr$, $x_2=-\lambda Rr$ である.ここに R は像と射出瞳の間の距離である.結局,式 (2.34) に示した $\bar{r}$ が x_1, x_2 に対応すると考えてよい.

もし物体が強度で考えて 正弦波格子 であれば,これは $(1+\cos 2\pi r_0 X')/2$ で与えられるから,そのスペクトルの周波数は 0, r_0, $-r_0$ の三つである.したがって $R(x_1,x_2)$ は $(0,r_0)$, $(0,-r_0)$, $(r_0,-r_0)$ の三つの組み合わせを考えることになる.すなわち,$(x_1=0, x_2=\lambda R'r_0)$, $(x_1=0, x_2=-\lambda R'r_0)$, $(x_1=\lambda R'r_0, x_2=-\lambda R'r_0)$ である.

したがって多数の周波数成分をもつ物体の場合,この周波数相互の組み合わせはたいへんな数となり,それらについてすべての $R(x_1,x_2)$ を考えることは実際問題として不可能である.このことは transmission cross-coefficient を用いて光学系の特性を記述することは理論的にはよいが実際的ではない.しかしながら周期構造をもつ物体に対しては,その基本周波数の利得の減衰が像のぼけに最も大きく影響するということから基本周波数 $\bar{r}_0$ を x_1 とし,$x_2=0$ にとった $R(\bar{r}_0,0)$ を部分的コヒーレント光学系の OTF といっている[2].この $R(\bar{r}_0,0)$ がインコヒーレント系やコヒーレント系の OTF に関係のあることを以下に述べよう.

コヒーレント光学系の場合は等価光源 $s_E(x)$ は δ 関数と考えればよいから,式 (3.29) より

$$R(x_1,x_2)=(2\pi C)^2\int_{-\infty}^{+\infty}\delta(x)f(x-x_1)f^*(x-x_2)dx$$

$$=(2\pi C)^2 f(-x_1)f^*(-x_2) \qquad (3.30)$$

$x_1=\bar{r}$, $x_2=0$ とおくと

$$R(\bar{r},0)=(2\pi C)^2 f(-\bar{r})f^*(0)$$

また

$$R(0,0)=(2\pi C)^2 f(0)f^*(0)$$

式 (2.22) でわかるように瞳関数は $f(0)=1$ としているから，OTF を

$$OTF = \frac{R(\bar{r}, 0)}{R(0, 0)} \qquad (3.31)$$

で定義すると

$$OTF = f(-\bar{r}) \qquad (3.32)$$

となる．

またインコヒーレント光学系の場合は等価光源は x に無関係に定数である．さきに $\int_{-\infty}^{+\infty} s_E(x) dx = K$ とおいたから等価光源の面積を S として $K/S=1$ とすると

$$R(x_1, x_2) = (2\pi C)^2 \int_{-\infty}^{+\infty} f(x-x_1) f^*(x-x_2) dx$$

$x_1 = \bar{r}$, $x_2 = 0$ とおくと

$$R(\bar{r}, 0) = (2\pi C)^2 \int_{-\infty}^{+\infty} f(x-\bar{r}) f^*(x) dx \qquad (3.33)$$

また

$$R(0, 0) = (2\pi C)^2 \int_{-\infty}^{+\infty} f(x) f^*(x) dx$$

上式の右辺の積分は瞳の全面積を示すからこれを A とおき，OTF の定義をコヒーレント光学系の場合と同様に，式 (3.31) で定義すると

$$OTF = \frac{R(\bar{r}, 0)}{R(0, 0)} = \frac{1}{A} \int_{-\infty}^{+\infty} f(x-\bar{r}) f^*(x) dx \qquad (3.34)$$

で与えられる．

すでに式 (2.48) でコヒーレント光学系の場合の ATF，式 (2.37) でインコヒーレント光学系の場合の OTF を導いている．これらと式 (3.32), (3.34) を比較すると一次元と二次元の相違はあるが一致する．

フーリエ変換の反転公式の対称性を保つための定数因子は本書では $1/2\pi$ を用いているので，これは一次元のとき $1/2\pi$，二次元のときは $(1/2\pi)^2$ となる．また実寸法座標と diffraction unit 座標の差，すなわちスケーリングファクターは一次元では R/k，二次元では $(R/k)^2$ である．したがって式 (3.29) を二次元，実寸法座標に直し，$x_1=\bar{r}$, $y_1=\bar{s}$, $x_2=0$, $y_2=0$ とおくと

3.3 部分的コヒーレント光学系の結像

$$R(\bar{r},\bar{s},0,0)=(2\pi)^4 C^2\left(\frac{R}{k}\right)^4 \iint_{-\infty}^{+\infty} s_E(x,y)f(x-\bar{r},y-\bar{s})f^*(x,y)dx\,dy$$

となる．OTF は $R(0,0;0,0)$ で正規化するので，部分コヒーレント光学系の OTF は

$$OTF(\bar{r},\bar{s})=\frac{\iint_{-\infty}^{+\infty} s_E(x,y)f(x-\bar{r},y-\bar{s})f^*(x,y)dx\,dy}{\iint_{-\infty}^{+\infty} s_E(x,y)S(x,y)\,dx\,dy} \tag{3.35}$$

で与えられる．

ここに，$S(x,y)=|f(x,y)|^2$ で瞳の強度透過率，一般のレンズの場合は開口の形状を示すものである．

図3.5は任意の開口の場合，しかも等価光源もまた任意の形の場合の式(3.35)を図に描いたものである．瞳を横ずらしさせて等価光源内（図の斜線部）で積分を考えればよいことを示している．

これをいま少し詳細にみるために瞳を円形とし，また等価光源も円形の場合を考えてみよう．なお簡単のため横ずらしは x 方向のみとする．

図3.6(a)は瞳の半径と等価光源の半径が等しい場合である．この場合，瞳の重なり合う部分は横ずらしが大きくなっても等価光源内であるから，$s_E(x,y)=1$ とおいたインコヒーレント光源の OTF と等しくなる．OTF が等しいことから，一般に等価光源のサイズが対物レンズの口径より大きい場合はインコ

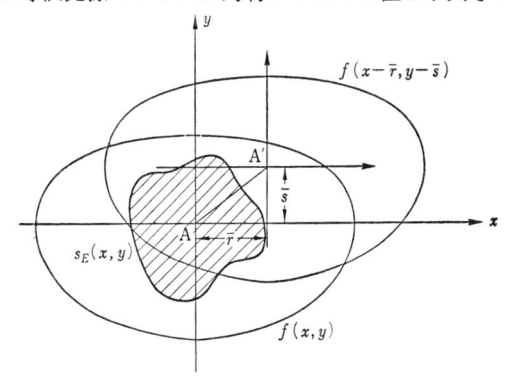

図 3.5　部分コヒーレント照明下の結像光学系の瞳の相関

ヒーレント照明であるということができる.したがって,部分コヒーレントであるためには等価光源のサイズが瞳径より小さいことが必要である.

図3.6(b)は部分コヒーレントの場合である.ただし等価光源の半径 b,瞳の半径 a として横ずらし $\bar{r}$ が $a-b$ より小さい場合である.二つの瞳が重なり合う範囲は等価光源より大きいので,式(3.35)の積分範囲は等価光源のサイズで決まり,もし無収差であれば $OTF=1$ となる.これは,コヒーレント光学系の ATF に似ている.もちろんコヒーレント系の ATF は瞳の複素振幅分布がそのまま ATF であったので,$ATF=1$ とはその振幅が1であるということである.しかし ATF は振幅分布を扱うのに対し,部分コヒーレント光学系の OTF は相互強度を介して強度分布を扱っているので,コヒーレント光学系の ATF の場合とは基本的に違っているわけである.

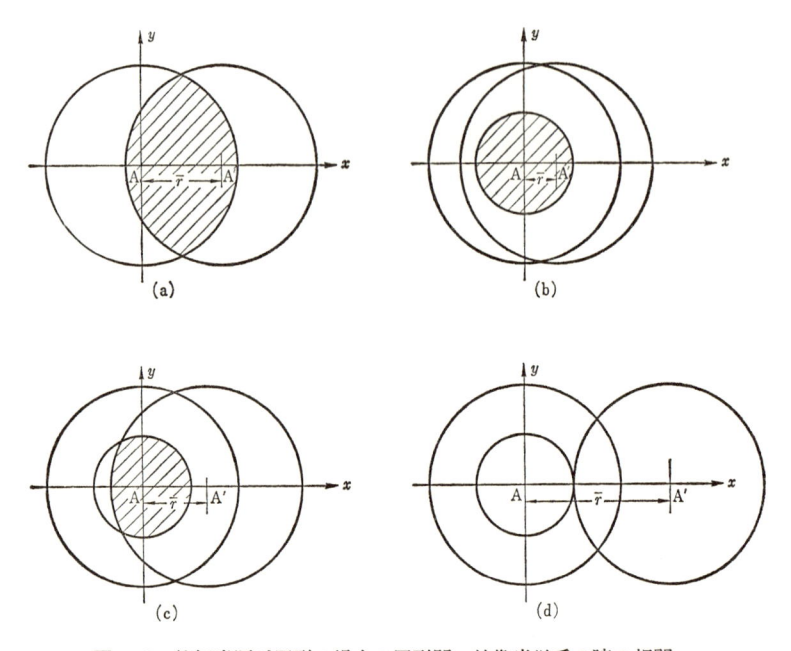

図 3.6 等価光源が円形の場合の円形開口結像光学系の瞳の相関
(a) $a<b$, (b) $\bar{r}<a-b$, (c) $a-b<\bar{r}<a+b$, (d) $\bar{r}>a+b$.
a:瞳の半径, b:等価光源の半径, $\bar{r}$:瞳の横ずらし量.

3.3 部分的コヒーレント光学系の結像

図 3.6(c) は横ずらし量 $\bar{r}$ が $a-b<\bar{r}<a+b$ の場合である．このときは瞳の重なり合う部分が等価光源を削ることになるので OTF は図の斜線部の面積内で考えることになる．したがって，図 3.6(b) のときの $OTF=1$ からその値は減衰することになる．

図 3.6(d) は横ずらし量 $\bar{r}$ が $a+b$ より大きい場合である．二つの瞳の重なり合う部分は等価光源からはずれてしまうので $OTF=0$ となる．インコヒーレント光学系では瞳の重なりがなくなるまで横ずらしすることができたので，$OTF=0$ となるのは $\bar{r}=2a$ であったが，いまの場合 $\bar{r}=a+b<2a$ であり，光学系のしゃ断周波数は低周波数側へと移ることになる．

以上のように，OTF は $\bar{r}$ を横軸にとって示すと図 3.7(a) のように $\bar{r}<a-b$ では 1，$\bar{r}>a+b$ では 0 となり，$a-b<\bar{r}<a+b$ の間で図の破線で示すような

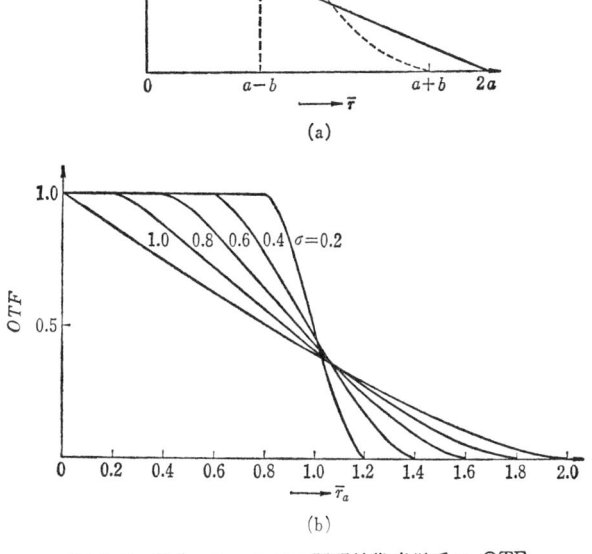

図 3.7 部分コヒーレント照明結像光学系の OTF
（a）等価光源が瞳より大きい場合と瞳の重なり合う範囲より小さい場合，
（b）等価光源が瞳より小さく瞳の重なり合う範囲より大きい場合．

減衰を示すことになる．以下図 3.6(c) の場合の OTF を求めてみよう．レンズは無収差，等価光線はいうまでもなく輝度一様である場合，図 3.6(c) でわかるように，OTF の計算は等価光源と瞳の重なり合う面積の計算になるので，これをいま一度大きく描いたのが図 3.8 である．等価光源の半径 b，x 軸との交点 C，C′，瞳との交点 B，B′，また瞳は半径 a，x 軸との交点 D，D′，等価光源との交点はいうまでもなく B，B′ である．瞳のずらし量は $\bar{r}=\overline{AA'}$ である．求める面積は図形 BCB′D′B である．

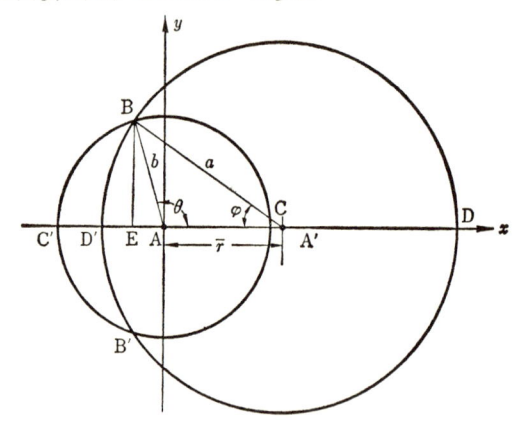

図 3.8 部分コヒーレント照明の場合の瞳と等価光源
（ともに円形の場合）

$$\text{図形 BCB′D′B}=(\text{等価光源 BCB′C′})-(\text{三日月形図形 BD′B′C′B}) \tag{3.36}$$

ここで

$$\text{三日月形図形 BD′B′C′B}=2\times(\text{図形 BD′C′B}) \tag{3.37}$$

$$\text{図形 BD′C′B}=\text{扇形 AC′B}-\text{図形 AD′B} \tag{3.38}$$

ところが

$$\text{図形 AD′B}=\text{扇形 A′D′B}-\text{三角形 A′AB} \tag{3.39}$$

ここで $\angle BA'D'=\varphi$，$\angle BAC'=\pi-\theta$（φ，θ は三角形 A′BA の内角となるようにとる）とおくと

$$\text{扇形 A′D′B}=\frac{\varphi a^2}{2}$$

3.3 部分的コヒーレント光学系の結像

$$三角形\ A'AB = \frac{\overline{AA'}\cdot\overline{BE}}{2} = \frac{\bar{r}a\sin\varphi}{2} = \frac{\bar{r}b\sin\theta}{2}$$

$$扇形\ AC'B = \frac{(\pi-\theta)b^2}{2}$$

であるから，式（3.39）より

$$図形\ AD'B = \frac{1}{2}\{\varphi a^2 - \bar{r}b\sin\theta\}$$

式（3.38）は

$$図形\ BD'C'B = \frac{1}{2}\{(\pi-\theta)b^2 - (\varphi a^2 - \bar{r}b\sin\theta)\}$$

式（3.37）は

$$三日月形図形\ BD'B'C'B = (\pi-\theta)b^2 - \varphi a^2 + \bar{r}b\sin\theta$$

等価光源の面積は πb^2 であるから，式（3.36）は

$$図形\ BCB'D'B = \pi b^2 - \{(\pi-\theta)b^2 - \varphi a^2 + \bar{r}b\sin\theta\}$$
$$= \theta b^2 + \varphi a^2 - \bar{r}b\sin\theta \tag{3.40}$$

これが式（3.35）の分子である．分母は等価光源の面積となるから上式を πb^2 で割り

$$OTF(\bar{r},0) = \frac{1}{\pi}\left\{\theta + \left(\frac{a}{b}\right)^2\varphi - \left(\frac{\bar{r}}{a}\right)\left(\frac{a}{b}\right)\sin\theta\right\} \tag{3.41}$$

これが $a-b < \bar{r} < a+b$ の範囲での OTF である．

ここで $\varphi,\ \theta$ は等価光源と瞳の交点 B の座標を求めれば求まる．それには等価光源の方程式 $\sqrt{x^2+y^2}=b$，瞳の方程式 $\sqrt{(x-\bar{r})^2+y^2}=a$ を連立に解く．高さ $\overline{BE}=y$ は $b/a=\sigma,\ \bar{r}/a=\bar{r}_a$ とおいて

$$y = \pm b\sqrt{1-\left(\frac{1-\sigma^2-\bar{r}_a^{\ 2}}{2\sigma\bar{r}_a}\right)^2}$$

で求められるから

$$\sin\theta = \frac{y}{b} = \pm\sqrt{1-\left(\frac{1-\sigma^2-\bar{r}_a^{\ 2}}{2\sigma\bar{r}_a}\right)^2} \tag{3.42}$$

また $y=a\sin\varphi=b\sin\theta$ の関係から $\varphi=\sin^{-1}(\sigma\sin\theta)$ と書けるので，式（3.41）

は

$$OTF(\bar{r}_a, 0) = \frac{1}{\pi}\left\{\theta + \frac{\sin^{-1}(\sigma \sin\theta)}{\sigma^2} - \frac{\bar{r}_a \sin\theta}{\sigma}\right\} \quad (3.43)$$

となる.

σ を変えて $OTF(\bar{r}_a, 0)$ を描いたのが図 3.7 (b) である. σ が小さいほど, すなわち等価光源が瞳に対して小さいほどコヒーレント光学系に近づくことがわかる.

$\sigma=1$ のとき, すなわち等価光源が瞳と同じ大きさのときは $\sin\theta = \sqrt{1-(\bar{r}_a/2)^2}$, これから $\cos\theta = \bar{r}_a/2$ となる. また $\varphi = \sin^{-1}(\sin\theta) = \theta$ である.

したがって

$$OTF(\bar{r}_a, 0) = \frac{1}{\pi}\{2\theta - \bar{r}_a \sin\theta\}$$

$$= \frac{1}{\pi}\{2\theta - \sin 2\theta\}$$

となり, すでに式 (2.42) で示した円形開口の無収差レンズのインコヒーレントの場合の OTF を与える. これからインコヒーレントにするにはすでに述べたように, 等価光源の大きさが瞳の大きさに等しいか, あるいはそれ以上であればよいことがわかる.

以上, ここでは部分的コヒーレント光学系の基礎的な理論の解説を行った.

なお顕微鏡光学系にこの理論を適用し, 物体としてジーメンススターなどを用いたとき, そのモジュレイション (コントラスト) が部分的コヒーレンス度により, どう変化するかをはじめて実験的に研究したのは辻内[2] である. また辻内はスライドプロジェクターの光学系[3] についても同様の研究を行っている. 最近, 山本[4] は部分的コヒーレンス度と焦点はずれの収差を変えたときの transmission cross-coefficient を詳細に計算し, これと物体として与えたジーメンススターの像との関連を計算機でシュミレイションしている.

3.4 カスケードな光学系の空間周波数特性

ここではカスケードといっても2枚のレンズの場合を考える．すなわち，図 3.9 に示すように有限な広がりをもつインコヒーレント光源で照明されている物体をレンズ L_1, L_2 で結像する場合を考える．簡単のため一次元で考え，かつ物体面，像面の座標は diffraction unit で測るものとする．

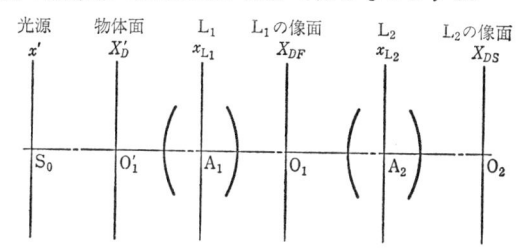

図 3.9 透過物体を結像するためのカスケードな光学系

光源面の座標 x', 物体面の座標 X_D', レンズ L_1 の像面座標を X_{DF}, レンズ L_2 の像面座標を X_{DS} とする．

光源の一点 x_m' から出て物体面を照明している光の振幅を $A(x_m', X_D')$, 物体の振幅透過率（あるいは反射率）$O(X_D')$ とすると，物体の振幅分布 $a = A(x_m', X_D')O(X_D')$ で与えられる．レンズ L_1 の像面におけるこの物体の振幅分布は，点像の振幅分布を $ASF_1(X_{DF})$ とすると a と ASF_1 の接合積で与えられる．すなわち，＊印を接合積の記号として

$$I_1 = a * ASF_1(X_{DF})$$
$$= \int_{-\infty}^{+\infty} A(x_m', X_D')O(X_D')ASF_1(X_{DF} - X_D')dX_D'$$

I_1 は第二のレンズ L_2 の物体と考えられるから，第二のレンズの点像の振幅分布 $ASF_2(X_{DS})$ として I_1 と $ASF_2(X_{DS})$ の接合積が最終面 X_{DS} 上の像の振幅分布を与える．すなわち

$$I_2(X_{DS}) = I_1 * ASF_2(X_{DS})$$
$$= \iint_{-\infty}^{+\infty} A(x_m', X_D')O(X_D')ASF_1(X_{DF} - X_D')ASF_2(X_{DS} - X_{DF})dX_D' dX_{DF}$$

(3.44)

物体面上 X_{D1}', X_{D2}' に2点を考え、これの最終像面における振幅分布を $V_1(X_{DS})$, $V_2(X_{DS})$ とすると、式 (3.44) を光源について加え合わせ

$$V_1(X_{DS}) = \sum_m I_{21}(X_{DS}), \quad V_2(X_{DS}) = \sum_m I_{22}(X_{DS})$$

ただし I_{21} は式 (3.44) で $X_D' = X_{D1}'$, $X_{DF} = X_{DF1}$ とおいたもの、I_{22} は同式で $X_D' = X_{D2}'$, $X_{DF} = X_{DF2}$ とおいたものである。

V_1, V_2 の相互強度を求めると式 (3.20-b) を導いたのと全く同じ手法で、インコヒーレント光源は面光源として

$$J_{12}(X_{DS}) = \langle V_1(X_{DS}) V_2^*(X_{DS}) \rangle$$

$$= \iiiint_{-\infty}^{+\infty} J_{12}(X_{D1}', X_{D2}') O(X_{D1}') O^*(X_{D2}') ASF_1(X_{DF1} - X_{D1}')$$

$$ASF_2(X_{DS} - X_{DF1}) ASF_1^*(X_{DF2} - X_{D2}') ASF_2^*(X_{DS} - X_{DF2})$$

$$dX_{D1}' dX_{D2}' dX_{DF1} dX_{DF2} \tag{3.45}$$

ここに

$$J_{12}(X_{D1}', X_{D2}') = \left\langle \int_S A(x', X_{D1}') A^*(x', X_{D2}') dx' \right\rangle$$

は物体面の相互強度である。

ここで

$$\left. \begin{aligned} \int_{-\infty}^{+\infty} ASF_1(X_{DF1} - X_{D1}') ASF_2(X_{DS} - X_{DF1}) dX_{DF1} \\ = ASF_S(X_{DS} - X_{D1}') \\ \int_{-\infty}^{+\infty} ASF_1^*(X_{DF2} - X_{D2}') ASF_2^*(X_{DS} - X_{DF2}) dX_{DF2} \\ = ASF_S^*(X_{DS} - X_{D2}') \end{aligned} \right\} \tag{3.46}$$

とおくと、式 (3.45) は

$$J_{12}(X_{DS}) = \iint_{-\infty}^{+\infty} J_{12}(X_{D1}', X_{D2}') O(X_{D1}') O^*(X_{D2}')$$

$$\times ASF_S(X_{DS} - X_{D1}') ASF_S(X_{DS} - X_{D2}') dX_{D1}' dX_{D2}' \tag{3.47}$$

と書け、点像の振幅分布が $ASF_S(X_{DS})$ で与えられる単レンズの場合と全く同じとなる (式 3.20-b 参照)。

式 (3.46) は，一般に $X_{D1}=0$ あるいは $X_{D2}=0$ とおいて

$$ASF_S(X_{DS})=\int ASF_1(X_{DF})ASF_2(X_{DS}-X_{DF})dX_{DF} \qquad (3.48)$$

と書くと，これはそれぞれの点像の振幅分布の接合積が合成の点像の振幅分布を与えていることをいっそうよく示している．レンズ L_1 の瞳関数を $f_1(x_{L_1})$，レンズ L_2 の瞳関数を $f_2(x_{L_2})$ とおくと ASF_1, ASF_2 と f_1, f_2 とはフーリエ変換の関係があるから，ここで改めて証明するまでもなく，合成系の点像の振幅分布 ASF_S がもつと考えられる見掛けの瞳関数 f_s は定数係数を別として

$$f_s(x_{L_2})=f_1(x_{L_2})f_2(x_{L_2}) \qquad (3.49)$$

である．ここで，瞳の座標が x_{L_2} に移っているのは式 (3.48) で ASF_2 を横ずらしさせて接合積をとっているためである．

以上のことから，合成系の OTF は瞳関数が $f_s(x_{L_2})$ であるとして式 (3.35) を適用すれば求められる．

文 献

1) H. H. Hopkins: *Proc. R. Soc. London*, **A217** (1953), 409.
2) 辻内順平: 機械試験所報告, No. 40 (1961)
3) 辻内順平: *Jpn. J. Appl. Phys. Supplement*, No. 1 (1965), 251.
4) 山本公明: 応用物理, **44** (1975), 1266.

4

線形回路と光学系の対応

　第1章で光学系に OTF の概念を導入するとき基本的に必要な三つの条件をあげた．すなわち，1) 線形性，2) アイソプラナティズム，3) インコヒーレント照明の三つである．一方，回路理論で線形回路といわれるものは，1) 線形性，2) 不変性，3) 因果律に従う回路のことである．

　光学系と線形回路を比較すると線形性は両者は同じであり，光学系のアイソプラナティズムは，考えている像面内で点像の形が変わらないこと，いいかえれば点像が座標原点のとり方に依存しないということで，回路の特性が時間原点のとり方によらないという不変性と同じである．したがって両者の差は，回路の因果律と光学系のインコヒーレント照明ということになる．この違いがOTF と回路の伝達関数にどういう制約を与えているかを示そう．

4.1 因果律と回路の伝達関数

　現在を時刻 t の原点にとり，過去を $t>0$，未来を $t<0$ とすると，回路の出力側では常に過去の信号に対する応答を扱うから，出力信号 $h(t)$ は

$$\left. \begin{array}{ll} h(t)=h(t) & t>0 \\ h(t)\equiv 0 & t<0 \end{array} \right\} \tag{4.1}$$

4.1 因果律と回路の伝達関数

でなければならない.このため,$h(t)$ のスペクトル $H(\omega)$ は

$$H(\omega)=\int_0^\infty h(t)e^{-i\omega t}dt \qquad (4.2)$$

で定義され,これの逆フーリエ変換

$$h(t)=\frac{1}{2\pi}\int_{-\infty}^{+\infty}H(\omega)e^{i\omega t}d\omega$$

は式 (4.1) の条件から

$$\frac{1}{2\pi}\int_{-\infty}^{+\infty}H(\omega)e^{i\omega t}d\omega\equiv 0 \qquad t<0 \qquad (4.3)$$

でなければならない.

この条件からよく知られているように,$H(\omega)$ の実部と虚部はヒルベルト変換の関係にあることが導かれる[1].

さて,ステップ関数 $U(t)$ を用いて

$$h_T(t)=h(t)U(t)$$

ただし

$$\left.\begin{array}{ll} U(t)=1 & t>0 \\ U(t)=0 & t<0 \end{array}\right\}$$

で定義される関数 $h_T(t)$ を考えると,式 (4.1) の条件は t が $-\infty<t<+\infty$ の全域で常に $h_T(t)$ と $h(t)$ が等しく,したがってそのスペクトル $T(\omega)$ と $H(\omega)$ も等しいことを意味する.すなわち

$$\left.\begin{array}{l} h_T(t)=h(t) \\ T(\omega)=H(\omega) \end{array}\right\} \qquad (4.4)$$

$h(t)U(t)$ のスペクトル $T(\omega)$ はフーリエ変換を記号 $\rightleftharpoons$ で表わして,

$$h(t) \rightleftharpoons H(\omega),$$

$$U(t) \rightleftharpoons \pi\delta(\omega)-\frac{i}{\omega}$$

を用いて,式 (2.6) より

$$T(\omega')=\frac{1}{2\pi}\int_{-\infty}^{+\infty}H(\omega)\left\{\pi\delta(\omega'-\omega)-i\frac{1}{\omega'-\omega}\right\}d\omega$$

4. 線形回路と光学系の対応

$$= \frac{1}{2}\left\{H(\omega') - \frac{i}{\pi}\int_{-\infty}^{+\infty}\frac{H(\omega)}{\omega'-\omega}d\omega\right\} \tag{4.5}$$

で与えられる．

ここで $H(\omega)$ の実部を $H^{(r)}(\omega)$，虚部を $H^{(i)}(\omega)$ と書いて

$$H(\omega) = H^{(r)}(\omega) + iH^{(i)}(\omega)$$

とおくと，$T(\omega')$ の実部 $T^{(r)}(\omega')$，虚部 $T^{(i)}(\omega')$ はそれぞれ式(4.5)より

$$\left.\begin{aligned}T^{(r)}(\omega') &= \frac{1}{2}\left\{H^{(r)}(\omega') + \frac{1}{\pi}\int_{-\infty}^{+\infty}\frac{H^{(i)}(\omega)}{\omega'-\omega}d\omega\right\} \\ T^{(i)}(\omega') &= \frac{1}{2}\left\{H^{(i)}(\omega') - \frac{1}{\pi}\int_{-\infty}^{+\infty}\frac{H^{(r)}(\omega)}{\omega'-\omega}d\omega\right\}\end{aligned}\right\} \tag{4.6}$$

となる．

式 (4.4) より

$$T^{(r)}(\omega') = H^{(r)}(\omega'),\ \ T^{(i)}(\omega') = H^{(i)}(\omega')$$

であるから

$$\left.\begin{aligned}H^{(r)}(\omega) &= \frac{1}{\pi}\int_{-\infty}^{+\infty}\frac{H^{(i)}(\omega)}{\omega'-\omega}d\omega \\ H^{(i)}(\omega) &= \frac{-1}{\pi}\int_{-\infty}^{+\infty}\frac{H^{(r)}(\omega)}{\omega'-\omega}d\omega\end{aligned}\right\} \tag{4.7}$$

これが前に述べたヒルベルト変換の関係である．

$h_T(t)$ をインパルスレスポンス——パルス入力信号に応答する出力信号，光学の線像，点像に相当する——と考えると $T(\omega)$ は回路の伝達関数である．この $T(\omega)$ の絶対値は式 (4.5) の第二項を $iP(\omega')/2$ とおくと

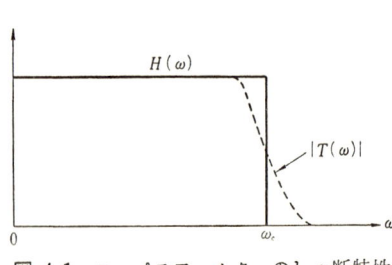

$$\left.\begin{aligned}|T(\omega')| &= \frac{1}{2}\sqrt{H(\omega')^2 + P(\omega')^2} \\ P(\omega') &= \frac{1}{\pi}\int_{-\infty}^{+\infty}\frac{H(\omega)}{\omega'-\omega}d\omega\end{aligned}\right\} \tag{4.8}$$

で与えられる．

図 4.1 ローパスフィルターのしゃ断特性

$H(\omega)$ がたとえ図 4.1 の実線で示すような矩形的なしゃ断特性を

もつものであっても，$P(\omega')$ は $H(\omega)$ と $1/\omega$ の接合積であるから，$P(\omega')$ のために図 4.1 の破線のようにしゃ断特性は丸みをおびたものになる．このことから，因果律に従う回路の伝達関数は矩形的なしゃ断特性をもつことはできないということがわかる．

光学系の OTF 理論は時刻 t を座標 u におきかえたものである[2]．しかし u の正負は座標の左右を示すのみであるから，式 (4.1) の条件は存在しない．すなわち因果律に相当する条件はいらない．このために § 2.3 A. に示したように，振幅で考えた OTF, すなわち ATF では矩形的なしゃ断特性をもつことができるわけである．

4.2 インコヒーレント照明と OTF

OTF の理論は点像，線像の強度分布について線形性を仮定している．これらは

$$PSF(u,v) \geq 0 \\ LSF(u) \geq 0, \text{あるいは } LSF(v) \geq 0 \quad (4.9)$$

の条件をもっている．

この条件は回路でいえば入力信号，出力信号が常に正であるということで通信理論では非負の信号（non-negative signal）といわれるものの条件である．

OTF の定義で $PSF(u,v)$ のフーリエ変換が OTF であるとするものでは必ずしも式 (4.9) の条件を含んでいるとはいえないが，瞳関数の自己相関が OTF であるとする定義では

$$PSF(u,v) = |ASF(u,v)|^2$$

の関係を用いているので，式 (4.9) の条件が自動的に含まれていると考えてよい[3]．

回路で non-negative signal であると，その伝達関数にある制約が加わることは Papoulis[4] が示している．

A. MTF の下限

関数 $g(\alpha)$ が非負の関数であるとして，このフーリエ変換 $G(\nu)$ の実部

$G^{(r)}(\nu)$ について考えてみる.

$$G^{(r)}(\nu) = \int_{-\infty}^{+\infty} g(\alpha) \cos \nu\alpha \, d\alpha \tag{4.10}$$

より

$$G^{(r)}(0) - G^{(r)}(\nu) = \int_{-\infty}^{+\infty} g(\alpha)(1 - \cos \nu\alpha) d\alpha \tag{4.11}$$

ところで

$$1 - \cos \nu\alpha = 2\sin^2 \frac{\nu\alpha}{2} > 2\sin^2 \frac{\nu\alpha}{2} \cdot \cos^2 \frac{\nu\alpha}{2}$$
$$= \frac{1}{2}\sin^2 \nu\alpha = \frac{1}{4}(1 - \cos 2\nu\alpha) \tag{4.12}$$

これを式 (4.11) に代入すると

$$G^{(r)}(0) - G^{(r)}(\nu) > \frac{1}{4}\int_{-\infty}^{+\infty} g(\alpha)(1 - \cos 2\nu\alpha) d\alpha = \frac{1}{4}\{G^{(r)}(0) - G^{(r)}(2\nu)\}$$

同様に

$$G^{(r)}(0) - G^{(r)}(2\nu) > \frac{1}{4}\{G^{(r)}(0) - G^{(r)}(4\nu)\}$$

$$G^{(r)}(0) - G^{(r)}(4\nu) > \frac{1}{4}\{G^{(r)}(0) - G^{(r)}(8\nu)\}$$

この操作を n 回繰り返すと,

$$G^{(r)}(0) - G^{(r)}(\nu) > \frac{1}{4^n}\{G^{(r)}(0) - G^{(r)}(2^n\nu)\} \tag{4.13}$$

の関係が得られる.

$g(\alpha) \geq 0$ の関数のフーリエ変換の実部については一般に式 (4.13) が成立することがわかる. これから $g(\alpha)$ を $PSF(u,v)$ あるいは $LSF(u)$ と考えると, 上式は OTF の実部について成立することになる.

また $LSF(u)$ の自己相関関数 $\phi(u')$ を考える.

$$\phi(u') = \int_{-\infty}^{+\infty} LSF(u-u')LSF(u) du$$

$LSF(u) \geq 0$ であるから $\phi(u') \geq 0$ である.

ここで $\phi(u')$ を $g(\alpha)$ に対応させると, $\phi'(u)$ のフーリエ変換の実部については式 (4.13) が成立するはずである.

4.2 インコヒーレント照明と OTF

$LSF(u)$ のフーリエ変換を $OTF(r)$ とすると式（2.11）より

$$OTF(r) = MTF(r) e^{-iPTF(r)}$$

であるから，$\phi(u')$ のフーリエ変換の実部は式（2.3）より

$$OTF(r) OTF^*(r) = [MTF(r)]^2$$

である．したがって

$$[MTF(0)]^2 - [MTF(r)]^2 > \frac{1}{4^n}\{[MTF(0)]^2 - [MTF(2^n r)]^2\}$$

$MTF(0) = 1$ と正規化しているから

$$1 - [MTF(r)]^2 > \frac{1}{4^n}\{1 - [MTF(2^n r)]^2\} \tag{4.14}$$

の関係が得られることになる．

$$1 - [MTF(r)]^2 = \varepsilon, \quad 1 - [MTF(2^n r)]^2 = \varepsilon_n$$

とおくと

$$\varepsilon_n < 4^n \varepsilon \tag{4.15}$$

となる．

これはたとえば図4.2のように周波数 r での減衰を ε とすると $2r$ では 4ε，$4r$ では 16ε 以下には減衰しないということで MTF の2乗値の減衰には下限があるということになる．

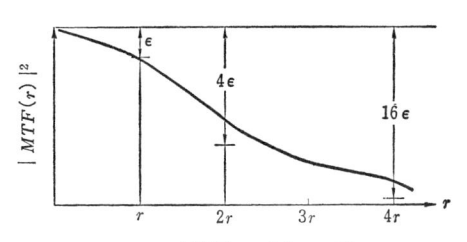

図 4.2 MTF の減衰の下限

一般に，ある特定の周波数がフィルターによってどれだけ減衰させられるかということは大切なことであるが，OTF の場合は光学系の結像の忠実性を評価するので OTF の減衰の下限は，実用的には問題となることは少ない．むしろ特定周波数の OTF の上限のほうが問題である．これについては非負の信号に着目した Lukosz[5] の理論，また収差のある光学系の瞳に吸収などを与えて，どれだけ OTF が改善できるかといった MacDonald[6] や Frieden[7] の研究がある．以下 Lukosz[5] の議論に基づいて上限を考えてみることにする．

B. MTF の上限

物体として図 4.3 (a) に示すような輝線が等間隔 L で並んでいる格子を考える．輝線をディラックの δ 関数を用いて表わすと，格子 $O(u)$ は

$$O(u) = \sum_{m=0,\pm 1,\cdots}^{\infty} L\delta(u+mL) \tag{4.16}$$

これをフーリエ級数展開で表示すると，式 (1.10) の

$$O(u) = \sum_{-\infty}^{+\infty} C_n e^{i\frac{2\pi}{L}nu}$$

の係数 C_n はいまの場合 1 となるから下記のように書ける．

$$O(u) = \sum_{-\infty}^{+\infty} e^{i\frac{2\pi}{L}nu} = 1 + 2\sum_{n=1}^{\infty} \cos 2\pi rnu \tag{4.17}$$

ただし $r=1/L$ である．

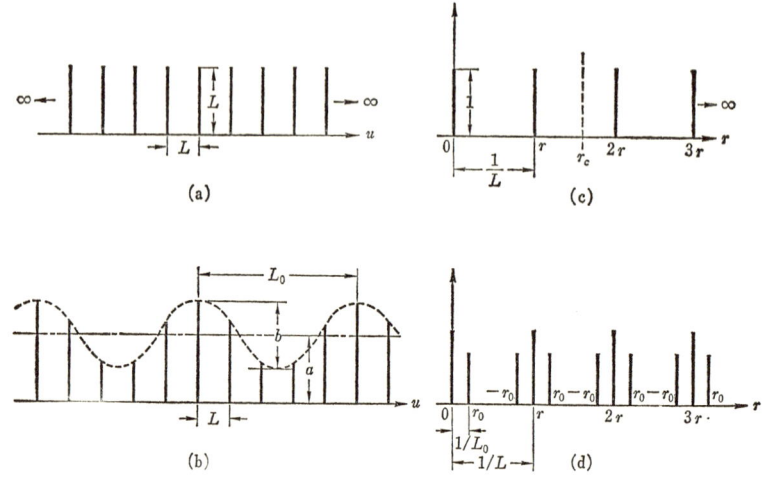

図 4.3 振幅変調格子のスペクトル
(a) 格子，(b) 振幅変調格子，(c) 格子のスペクトル，(d) 振幅変調格子のスペクトル．

これはスペクトルを図 4.3 (c) に示すが，格子が周波数 $r, 2r, 3r, \cdots$ の正弦波格子の合成であることを示す．光学系は low pass filter であるから，一般にはこれらの高調波の幾つかが光学系を通って像の形成に寄与することになる．

4.2 インコヒーレント照明と OTF

図 4.3(c) の破線で示すように,光学系のしゃ断周波数 r_c が第二高調波 $2r$ より小さければ基本周波数 r しか光学系を通らず,これは光学系が周波数 r の正弦波格子を物体として用いているのと等価である.このときの像は光学系の OTF を $OTF(r)=MTF(r)\exp[-iPTF(r)]$ とおいて

$$I(u')=1+2\,MTF(r)\cos(2\pi ru'-PTF(r)) \tag{4.18}$$

となる.

像の強度は非負の関数であるから,上式の $I(u')>0$ の条件から

$$MTF(r)\leq\frac{1}{2}$$

すなわち,$r_c>r>r_c/2$ のとき $MTF(r)$ の最大値は 1/2 である.

基本周波数を $r<r_c/2$ とすると第二高調波,さらには第三高調波が光学系を通ることになるので,$I(u')\geq 0$ という条件からだけでは $MTF(r)$ の最大値を決めることはできない.そこで第二,第三,……,第 n 高調波がないような格子を考える必要がある.それには図 4.3(b) のようにこの格子をさらに正弦波で振幅変調することを考えてみる(振幅変調については §5.4 を参照せよ).

振幅変調関数を

$$M(u)=A+B\cos 2\pi r_0 u$$

として

$$O_M(u)=M(u)O(u)$$
$$=(A+B\cos 2\pi r_0 u)\Bigl(1+2\sum_{n=1}^{\infty}\cos 2\pi rnu\Bigr)$$

ここで

$$\sum_{n=1}^{\infty}\cos 2\pi r_0 u\cdot\cos 2\pi nru=\frac{1}{2}\Bigl\{\sum_{n=1}^{\infty}\cos 2\pi(nr-r_0)u+\sum_{n=1}^{\infty}\cos 2\pi(nr+r_0)u\Bigr\}$$

であることを用いると

$$O_M(u)=A+B\cos 2\pi r_0 u+B\sum_{n=1}^{\infty}\cos 2\pi(nr-r_0)u$$
$$+2A\sum_{n=1}^{\infty}\cos 2\pi nru+B\sum_{n=1}^{\infty}\cos 2\pi(nr+r_0)u \tag{4.19}$$

となる.この変調格子のスペクトルを図 4.3(d) に示すが,基本周波数 $r, 2r, 3r, \cdots, nr$ のスペクトルの前後に r_0 の側帯波がついたものになる.そこで変調

関数を物体格子と考えると，r_0 と r を十分離すことによって高調波に乱されない基本波を得ることが可能になる．たとえば $r=(N+1)r_0$ とおくと式 (4.19) より $n=1$ とおいて

$$O_M(u)=A+B\cos 2\pi r_0 u + B\cos 2\pi N r_0 u$$
$$+2A\cos 2\pi(N+1)r_0 u + B\cos 2\pi(N+2)r_0 u \quad (4.20)$$

を得る．このスペクトルを図 4.4 に示すが，明らかに $2r_0, 3r_0, \cdots, (N-1)r_0$ のスペクトルが欠けている．図の破線は光学系のしゃ断周波数 r_c を表わすが，r_0 と r の適当な比を用いれば r_c 以下の周波数帯には r_0 だけがはいるようにすることができる．

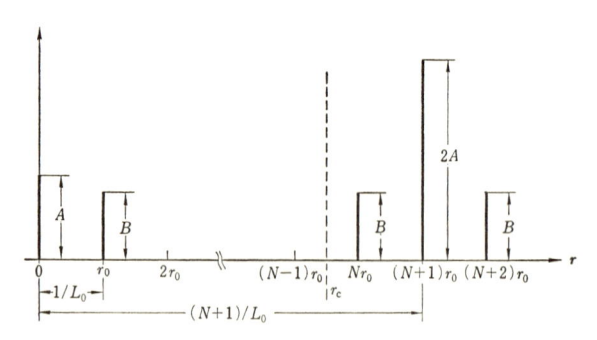

図 4.4 振幅変調格子のスペクトル（$r/r_0=N+1$ の場合）
r_0：変調波形（正弦波形）の空間周波数，r：格子の空間周波数．

Lukosz[5] は r_0 と r をサンプリングの定理を利用して決めている．

サンプリングの定理とは，関数 $g(\alpha)$ のスペクトル $G(\nu)$ が $|\nu|\leq \nu_c$ と限られているとき，すなわち

$$G(\nu)\equiv 0: \quad |\nu|>\nu_c$$

のとき関数 $g(\alpha)$ は $\varDelta=\pi/\nu_c$ とおいて，α を $\varDelta$ おきにサンプリングした関数値 $g(n\varDelta)$（n は整数）を用いて

$$g(\alpha)=\sum_{-\infty}^{+\infty}g(n\varDelta)\left\{\frac{\sin\nu_c(\alpha-n\varDelta)}{\nu_c(\alpha-n\varDelta)}\right\}$$

で与えられるというものである．

したがって $\varDelta=1/2r_c$ にとり，これをさらに $\varDelta=L=1/r$ と書いて変調関数

4.2 インコヒーレント照明とOTF

$$M(u) = A + B\cos 2\pi r_0 u$$

にサンプリング定理を適用すると

$$M(u) = A + B\sum_{-\infty}^{+\infty}\left(\cos 2\pi\frac{nr_0}{r}\right)\left\{\frac{\sin\pi(ru-n)}{\pi(ru-n)}\right\}$$

式 (4.20) では $r = (N+1)r_0$ としているから

$$M(u) = A + B\sum_{-\infty}^{+\infty}\left(\cos 2\pi\frac{n}{N+1}\right)\left\{\frac{\sin\pi(ru-n)}{\pi(ru-n)}\right\}$$

で与えられる. $M(u)$ の1周期内で n を考えると 0 から $N/2$ までであるが, このようなサンプリング点のとり方では次の周期へのつながりがうまくいかない. そこで $L_0 = 1/r_0$, $L = 1/r$ とし L_0 の中央に原点をとり, L_0 を $L_0 = (N+1)L$ になるように $(n+1)$ 個に分割し, それぞれの L の中心で関数値をとることにする. 図 4.5 の (a) は $N+1=5$, (b) は $N+1=6$ の場合を示している.

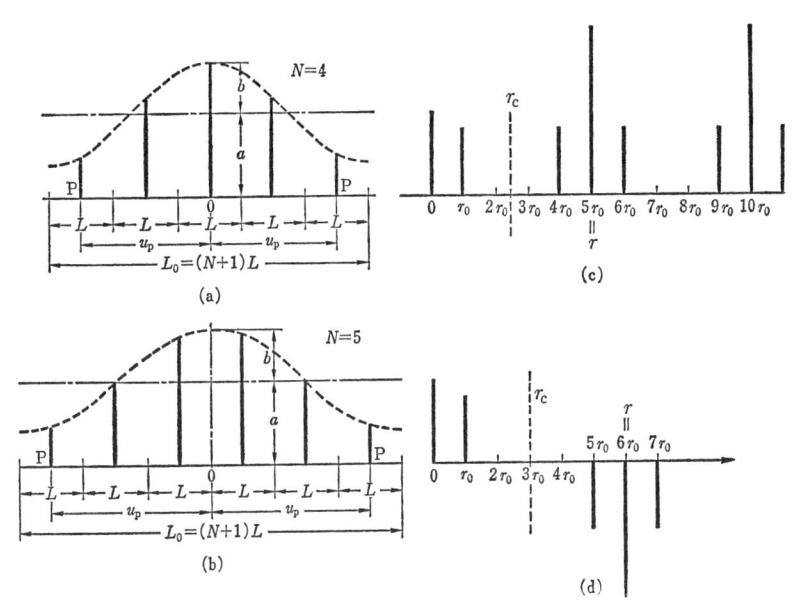

図 4.5 振幅変調格子のスペクトル ($L_0/L = N+1$ の場合)
(a) $N=4$ の場合, (b) $N=5$ の場合, (c) $N=4$ の場合のスペクトル, (d) $N=5$ の場合のスペクトル.

それぞれのスペクトルを図 (c), (d) に示す. 周波数 r のスペクトルが (c) と (d) で正負逆となっているのは, (a) と (b) を比較して (b) のサンプリング点が (a) のそれとちょうど $L/2$ ずれているためである.

しゃ断周波数 r_c は $r/2$ であるから (図 (c), (d) の破線の周波数), この光学系は基本波 r_0 のみを通すことになる. したがって物体格子としては

$$O_M(u) = A + B \cos 2\pi r_0 u \tag{4.21}$$

のみを考えればよい.

$O_M(u) \geq 0$ であるためには図 4.5 (a), (b) で原点からいちばん遠いサンプリング値が 0 であればよい. この座標を u_p とおくと

$$O_M(\pm u_p) \equiv 0 \tag{4.22}$$

であればよい. ところが図 4.5 (a), (b) のいずれの場合も $u_p = L_0/2 - L/2 = NL/2 = N/2r$ であるから, これを式 (4.21) に代入すると

$$O_M(u_p) = A + B \cos \pi N \frac{r_0}{r} = A + B \cos \frac{\pi N}{N+1}$$

$$\cos \frac{\pi N}{N+1} = -\cos \frac{\pi}{N+1}$$

より

$$O_M(u_p) = A - B \cos \frac{\pi}{N+1}$$

式 (4.22) の条件より

$$\frac{B}{A} = \left(\cos \frac{\pi}{N+1} \right)^{-1} \tag{4.23}$$

となる.

周波数 r_0 に対する OTF を $OTF(r_0)$ とおくと, 式 (4.18) と同様に $O_M(u)$ の像 $I_M(u')$ は

$$I_M(u') = A + B \cdot MTF(r_0) \cos(2\pi r_0 u' - PTF(r_0))$$

$I_M(u') > 0$ の条件から

$$MTF(r_0) < \frac{A}{B} = \cos \frac{\pi}{N+1} \tag{4.24}$$

であればよい.

図 4.5(c), (d) からもわかるように第一高調波 $r=(N+1)r_0$ であり，その側帯波の低周波側は Nr_0 である．r を小さくしていって，しゃ断周波数 r_c 内に

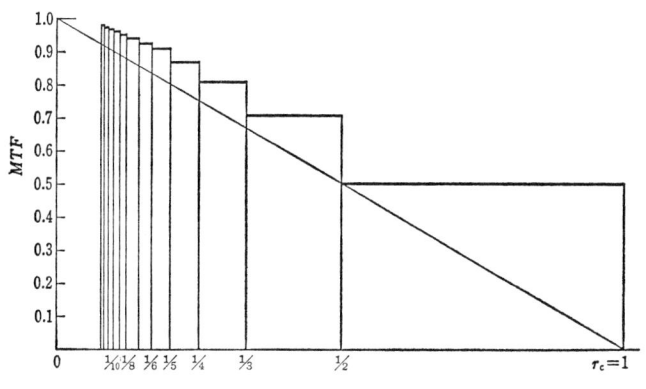

図 4.6 MTF の上限

第一高調波の低周波側帯波が光学系にはいるようになるのは $r_c = Nr_0$ になったときである．したがって，$Nr_0 > r_c$ ならば式 (4.24) が成立する．$r_c=1$ として $r_0=1/2, 1/3, \cdots$ の最大 MTF 値をプロットしたのが図 4.6 である．$1 > r_0 > 1/2$ の間では $\cos \pi/3 = 1/2$，$1/2 > r_0 > 1/3$ では $\cos \pi/4 = \sqrt{2}/2$，$1/3 > r_0 > 1/4$ では $\cos \pi/5 = (\sqrt{5}+1)/4$，$1/4 > r_0 > 1/5$ では $\cos \pi/6 = \sqrt{3}/2$ である．

なお，N と $\cos(\pi/N+1)$ の関係を表 4.1 に示す．

表 4.1 MTF の上限

N	$\cos(\pi/N+1)$
2	0.5
3	0.707
4	0.809
5	0.866
6	0.908
7	0.923
8	0.939
9	0.951
10	0.959
11	0.965
12	0.971
13	0.975
14	0.987

文　献

1) M. Born and E. Walf: *Principles of Optics*, p. 495 (Pergamon Press, 1964); 岸　源也：通信工学講座，"回路解析の基礎"，p. 113 （共立出版，1955）.
2) P. Elias: *J. Opt. Soc. Am.*, **43** (1953), 229.
3) W. Lukosz: *ibid.*, **52** (1962), 827.
4) A. Papoulis: *IRE Transaction on circuit theory* C-T **9** (1962), 86.

5) W. Lukosz: *Optica Acta*, **9** (1962), 335; *J. Opt. Soc. Am.*, **52** (1962), 827.
6) J. A. MacDonald: *Proc. Phys. Soc. London*, **72** (1958), 749.
7) B. Roy Frieden: *J. Opt. Soc. Am.*, **59** (1969), 402.

5

OTF の概念の応用

5.1 複スリット光学系

複スリット光学系はヤングの干渉実験としては古くから知られており,波面分割型の干渉計の基本である. 天体干渉計 (stellar interferometer) として星の視直径の測定や最近では空間的コヒーレンスの測定に用いられている.

これらの原理は二光束干渉で解説するのが普通であるが,ここでは OTF の観点からこれを考えてみよう.

図 5.1(a) のように,空間的にインコヒーレントな単色光源によって複スリットが照明されている場合を考える. スリットの後方に結像レンズを置いてもよい. 干渉縞を点像の強度分布と考え,この結像系を空間周波数領域で取り扱う. 光源,像のスペクトル;複スリット光学系の OTF をそれぞれ $o(r,s)$, $i(r,s)$, $OTF(r,s)$ とすると,式 (2.7) と同様に

$$i(r,s) = OTF(r,s)o(r,s) \tag{5.1}$$

複スリットに直角に座標 x をとりこの方向の一次元 OTF を考えると,これは開口の自己相関関数であるから,式 (2.37) より図 5.1(b) のようになる.

ここに $r_d = d/\lambda D$, $r_a = a/\lambda D$ で,d はスリットの間隔,a はスリット幅;

5. OTFの概念の応用

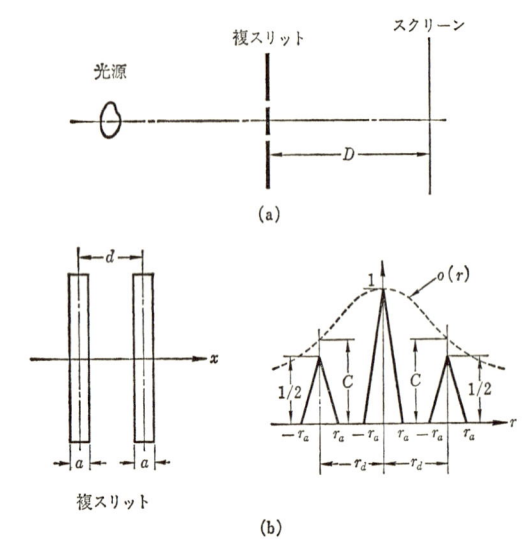

図 5.1 インコヒーレント光源の場合のヤングの複スリット
(a) 光学系, (b) 開口ならびに OTF.

D はスリットと像面の間隔である.

　光源の空間周波数スペクトル $o(r,s)$ も図に破線で示してある. 像のスペクトルはこの両者の積であるから, d を変えていくと r_d に対応する物体スペクトルを取り出すことができる. これは電気の周波分析器に相当するものである. すなわち d を変えることは周波数分析器の中心周波数を変えることに相当する. また幅 a はフィルターのバンド幅に相当し, a が狭いほど分析器の分解能がよいことはいうまでもない.

　この光学系の線像の強度分布 $LSF(u)$ は $OTF(r)$ を逆フーリエ変換すればよい. 図 5.1(b) より, $OTF(r)$ は図 5.2(a) のような三角形の関数 $R_1(r)$ と図 5.2(b) のような δ 関数の和から成る関数 $R_2(r)$ の接合積と考えることができる. すなわち

$$OTF(r) = R_1(r) * R_2(r)$$

したがって

$$LSF(u) = \frac{1}{2\pi} \int_{-\infty}^{+\infty} OTF(r) e^{i2\pi ru} dr = h_1(u) h_2(u) \qquad (5.2)$$

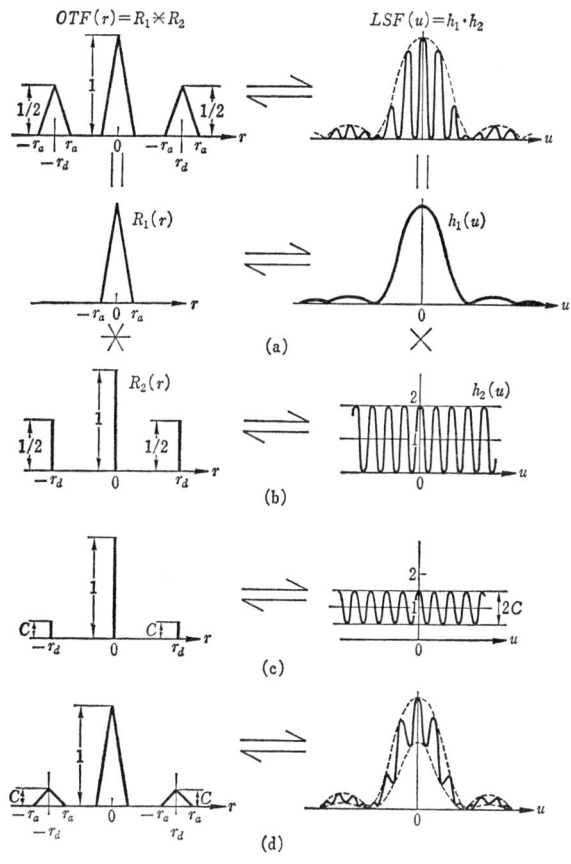

figure 5.2 複スリット光学系の OTF と線像(干渉縞)のモジュレイション (a) R_1は三角波形とそのフーリエ変換, (b) $R_2=\delta(0)+\frac{1}{2}\{\delta(r-r_d)+\delta(r+r_d)\}$ とそのフーリエ変換, (c) $R_2=\delta(0)+\frac{C}{2}\{\delta(r-r_d)+\delta(r+r_d)\}$ とそのフーリエ変換, (d) R_1*R_2 とそのフーリエ変換.

ただし

$$h_1(u)=\frac{1}{2\pi}\int_{-\infty}^{+\infty}R_1(r)e^{i\,2\pi ru}dr$$

$$h_2(u)=\frac{1}{2\pi}\int_{-\infty}^{+\infty}R_2(r)e^{i\,2\pi ru}dr$$

である.

図 5.2(a), (b) より

$$R_1(r) = 1 - \frac{|r|}{r_a} \quad |r| \leq r_a \\ R_1(r) = 0 \qquad\quad |r| > r_a \Biggr\} \tag{5.3}$$

$$R_2(r) = \delta(0) + \frac{1}{2}\{\delta(r-r_d) + \delta(r+r_d)\} \tag{5.4}$$

これから, フーリエ変換の公式を利用して

$$h_1(u) = r_a \left\{ \frac{\sin \pi r_a u}{\pi r_a u} \right\}^2 \tag{5.5}$$

$$h_2(u) = 1 + \cos 2\pi r_d u \tag{5.6}$$

したがって

$$LSF(u) = r_a \left\{ \frac{\sin \pi r_a u}{\pi r_a u} \right\}^2 (1 + \cos 2\pi r_d u) \tag{5.7}$$

を得る. $r_a = a/\lambda D$, $r_d = d/\lambda D$ を上式に代入すると, フラウンホーファ回折で得られる結果と一致することがわかる[1]).

図 5.1(a) のように空間周波数 r に対する物体のスペクトルの強度を C とすると, 式 (5.4) は

$$R_2(r) = \delta(0) + \frac{C}{2}\{\delta(r-r_d) + \delta(r+r_d)\} \tag{5.8}$$

となるから (図 5.2(c) 参照), この場合の線像の強度分布 $LSF(u)$ は

$$LSF(u) = r_a \left\{ \frac{\sin \pi r_a u}{\pi r_a u} \right\}^2 (1 + C \cos 2\pi r_d u) \tag{5.9}$$

これは図 5.2(d) に示されている. このモジュレイションを M とおくと

$$M = C \tag{5.10}$$

である.

これから線像のモジュレイション M を測定すれば, 物体の空間周波数スペクトルの強度 C を求めることができる.

複スリットの間隔 d を変えて線像のモジュレイションを測定すると, 物体ス

ペクトル分布を知ることができる．そこでこれをフーリエ変換すれば，物体の強度分布が求められる．星の視直径の測定の原理はこれである[2]．

しかしながら，物体のスペクトル分布は一般に複素数であるから絶対値と位相を測定しなければならない．絶対値はモジュレイション M で求まるが，位相は式 (5.9) の $(1+C\cos 2\pi r_d u)$ の横ずれとなって現われるので，正確な測定は一般に困難である．したがって複スリット光学系を用いる方法では非対称な形の光源の強度分布を求めることはできない．

もし図 5.3 のように光源 $O_s(u')$ の近傍に p だけ離れて点光源があるとする（図では二次元で描いてあるが簡単のため一次元で考える）．この両者を含めて光源と考えると

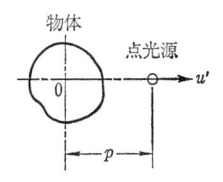

図 5.3 干渉法的像形成

$$O(u')=O_s(u')+\delta(u'-p) \tag{5.11}$$

したがって，$O(u')$ のスペクトルは $O_s(u')$ のそれを $o_s(r)e^{i\varphi(r)}$ とおいて

$$o(r)=o_s(r)e^{i\varphi(r)}+e^{i\,2\pi pr} \tag{5.12}$$

像のモジュレイションは $o(r)$ の絶対値であるから

$$M=\sqrt{1+|o_s(r)|^2+|o_s(r)|\cos(2\pi pr-\varphi(r))} \tag{5.13}$$

これは，測定するモジュレイションの中に光源（物体）スペクトルの位相情報 $\varphi(r)$ がはいっている．したがって p を知れば，これから $\varphi(r)$ を求めることが可能である．

式 (5.13) は2乗するとホログラムの記録と同じである．そこで**干渉法的像形成** (interferometric image forming) とよび，本来のホログラフィ的像形成 (holographic image forming) と区別している[3]．

5.2 再回折光学系

図 5.4(a) のように焦点距離 f の等しいレンズ L_2, L_3 を $2f$ の間隔で組み合わせ，レンズ L_2 の前側焦点面を物体面（O面）とし，レンズ L_3 の後側焦点面を像面（I面）とする光学系を標準的な再回折光学系という．

幾何光学的な結像は，図 5.4(a) の破線がその光路図を示しているが，物体面の一点 Q' から出た光はレンズ L_2 により平行光線となりレンズ L_3 にはいるので L_3 の後側焦点面の Q 点に幾何光学的な像をつくる．これを波動光学で考えると，光源 S_0 からの平行光で物体（透過物体）が照明されているので，レンズ L_2 の後側焦点面（F面）には光源 S_0 の物体による回折像ができる．このF面を**フーリエ変換面**という．このF面の振幅分布は，レンズ L_3 によりいまいちど回折（フーリエ変換）されて最終像の振幅分布を I 面につくる．

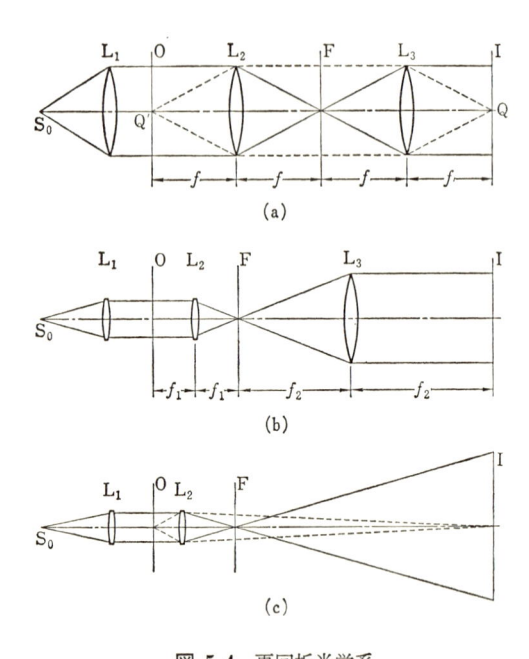

図 5.4 再回折光学系
(a) f-f 配置，(b) 焦点距離に差のある場合，
(c) 複顕微鏡の光学系．

図 5.4(b) のように L_2, L_3 の焦点距離が異なる場合もあり，また図 (c) に示す通常の複顕微鏡の光学系も再回折光学系と考えることができる．それは，コンデンサーレンズ（L_1）によって物体をケーラー照明で照明したとき，対物レンズ（L_2）の後側焦点面がフーリエ変換面となるからである．

さて図 5.5 のように，物体面から D' だけ離れた位置に薄肉レンズを置くと，レンズの焦点面で回折像はどうなるかを考えてみよう．

前章までの考え方でこれを扱うと物体距離 D' に対応する像距離 D を

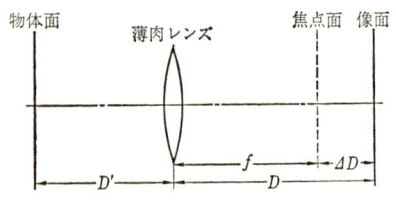

図 5.5 フレネル回折によるレンズの結像

求め，これが焦点面と $\varDelta D$ だけずれていることによる焦点はずれの収差（波面収差）W を求め，式 (2.20) を用いて計算することになる．この計算は基本的にはフーリエ変換であるが，瞳の形状 S で積分範囲が限られるので一般には解析的には解けず数値計算に頼ることになる．

一方，この焦点はずれの収差のフーリエ変換はフレネルの回折でもある．したがって薄肉レンズであっても瞳を考え，物体から D だけ離れた位置に入射瞳面を考え，この面内の振幅分布をフレネルの回折で求め，入射瞳の振幅はそのまま射出瞳の振幅であるとして，これに回折積分（フーリエ変換）を行って焦点面の振幅分布を求めることになる．

さて，フレネル–キルヒホッフの回折式は，式 (2.15) に示した．すなわち

$$U(p) = -\frac{i}{2\lambda} \iint_S \frac{e^{ik(l+l')}}{ll'} (\cos\theta' - \cos\theta) dS \tag{5.14}$$

である．

ここで図 2.4(a) の座標系を図 5.6 のようにとる．開口面に XY 座標，開口面の法線方向を Z 軸にとる．この開口から Z だけ離れた点 O を原点として開口面に平行にスクリーン面を考え，X 軸，Y 軸に平行にそれぞれ x 軸，y 軸をとる．

光源 S_0 は Z 軸上にあるものとすると $\cos\theta' \fallingdotseq 0$ とおける．

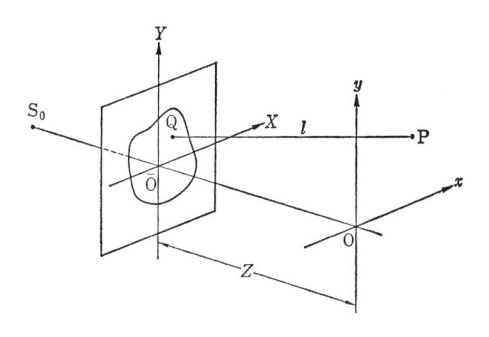

図 5.6 平面開口のフレネル–キルヒホッフの回折

開口内の一点 $Q(X, Y)$ からスクリーン面内の一点 $P(x, y)$ までの距離を l とすると

$$l = \sqrt{Z^2 + (x-X)^2 + (y-Y)^2}$$
$$\fallingdotseq Z + \frac{1}{2Z}\{(x-X)^2 + (y-Y)^2\}$$

と近似し,式 (5.14) の分母の l' は定数とし,l は Z とおいて

$$U(p) = \frac{-i}{\lambda l'}\cos\theta \frac{e^{ik(Z+l')}}{Z}\iint_S e^{i\frac{k}{2Z}\{(x-X)^2+(y-Y)^2\}} dX\,dY \quad (5.15)$$

としたのがフレネル回折の式である.

上式の積分内の指数項の肩付きを展開すると,積分項は焦点はずれの波面収差のフーリエ変換の形となる.

いま開口の形を

$$S(X,Y), \quad \text{また} \quad g(X,Y) = \exp\left[\frac{ik}{2Z}(X^2+Y^2)\right]$$

とおくと,式 (5.15) は

$$U(p) = C\iint_{-\infty}^{+\infty} S(X,Y)g(x-X,\ y-Y)dX\,dY \quad (5.16)$$

と書け,S と g の接合積の形であることがわかる.ここに

$$C = \frac{-i}{\lambda l'}\cos\theta \frac{e^{ik(l'+Z)}}{Z}$$

式 (5.16) は,フレネル回折のいま一つの表現である.

図 5.5 に示す結像系の座標を図 5.7 のようにとる.物体面の座標を X',Y',レンズの入射瞳の座標 ξ,η とする.入射瞳 ξ,η 面上の振幅分布 $p(\xi,\eta)$ は

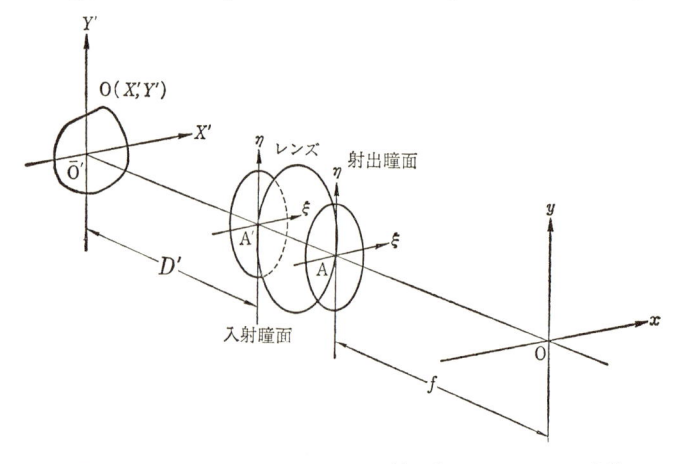

図 5.7 フレネル-キルヒホッフ回折理論によるレンズの結像

5.2 再回折光学系

物体 $O(X', Y')$ のフレネル回折で与えられるとして,式 (5.16) で $S(X, Y)$ を $O(X, Y)$, g を $g=\exp\left[i\dfrac{k}{2D'}(X'^2+Y'^2)\right]$ とおいて

$$p(\xi, \eta) = C_1 \iint_{-\infty}^{+\infty} O(X', Y') g(\xi-X', \eta-Y') dX' dY' \tag{5.17}$$

で与えられる.ただし $\cos\theta=1$ とおいて

$$\left.\begin{array}{l} C_1 = \dfrac{-ie^{ik(l'+D')}}{\lambda l' D'} = C_0\, e^{ik(l'+D')} \\[6pt] g(\xi-X', \eta-Y') = \exp\left[i\dfrac{k}{2D}\{(\xi-X')^2+(\eta-Y')^2\}\right] \end{array}\right\} \tag{5.18}$$

入射瞳面の振幅はレンズに収差がなく正しく射出瞳の振幅に伝達されるとして,焦点面の振幅はこの瞳の振幅分布 $p(\xi, \eta)$ の回折積分を考えればよいから,式 (2.20) を適用して

$$U(x, y) = C_2 \iint_S p(\xi, \eta) e^{-i\frac{k}{f}(x\xi+y\eta)} d\xi\, d\eta \tag{5.19}$$

で与えられる.ここに S は瞳の大きさによる積分範囲,

$$C_2 = \dfrac{ie^{ik\left(f+\frac{x^2+y^2}{2f}\right)}}{\lambda l'' f} = C_0' e^{ik\left(f+\frac{x^2+y^2}{2f}\right)} \tag{5.20}$$

式 (5.19) に (5.17) を代入すると

$$U(x, y) = C_1 C_2 \iint_S d\xi\, d\eta \iint dX'\, dY'\, O(X', Y') g(\xi-X', \eta-Y') e^{-i\frac{k}{f}(x\xi+y\eta)}$$

$\xi-X'=\alpha,\ \eta-Y'=\beta$ として上式を書き直し,S は無限に大きいとすると†

$$U(x, y) = C_1 C_2 \iint_{-\infty}^{+\infty} O(X', Y') e^{-i\frac{k}{f}(xX'+yY')} dX'\, dY' \iint_{-\infty}^{+\infty} g(\alpha, \beta) e^{-i\frac{k}{f}(x\alpha+y\beta)} d\alpha\, d\beta$$

$$= C_1 C_2\, o(x_D, y_D) G(x_D, y_D) \tag{5.21}$$

ここに,$x_D = kx/f$, $y_D = ky/f$ であり,また

$$o(x_D, y_D) = \iint_{-\infty}^{+\infty} O(X', Y') e^{-i(x_D X' + y_D Y')} dX'\, dY' \tag{5.22-a}$$

---

† 光学系の作用だけを考えるときは瞳の大きさを無限に大きいとしても本質は変わらないので,この仮定を入れる.

$$G(x_D, y_D) = \iint_{-\infty}^{+\infty} g(\alpha, \beta) e^{-i(x_D\alpha + y_D\beta)} d\alpha\, d\beta \tag{5.22-b}$$

$$g(\alpha, \beta) = e^{i\frac{k}{2D'}(\alpha^2 + \beta^2)}$$

である.

式 (5.22-b) の積分は焦点はずれの収差のフーリエ変換と同じものであるから, フーリエ変換の公式

$$G(\nu) = \int_{-\infty}^{+\infty} e^{-a\alpha^2} e^{i\alpha\nu} d\alpha = \sqrt{\frac{\pi}{a}} e^{-\nu^2/4a}$$

が適用でき, $a = -ik/2D'$, $\nu = -x_D$, あるいは $-y_D$ とおいて

$$G(x_D, y_D) = (-i\lambda D') e^{-i\frac{\lambda D'}{4\pi}(x_D^2 + y_D^2)}$$

$$= (-i\lambda D') e^{-i\frac{kD'}{2f^2}(x^2 + y^2)}$$

$$= C_0'' e^{-i\frac{kD'}{2f^2}(x^2 + y^2)} = C_3 \tag{5.23}$$

したがって

$$U(x, y) = C_1 C_2 C_3\, o(x_D, y_D) \tag{5.24}$$

ここに

$$C_1 C_2 C_3 = C_0 C_0' C_0'' \exp\left[ik\left\{l' + D' + f + \frac{(x^2+y^2)}{2f} - \frac{D'}{2f^2}(x^2+y^2)\right\}\right]$$

$$= C_0 C_0' C_0'' \exp\left[ik\left\{l' + D' + f + \frac{1}{2f}\left(1 - \frac{D'}{f}\right)(x^2+y^2)\right\}\right] \tag{5.25}$$

式 (5.24) は, 焦点面の振幅分布は物体 $O(X', Y')$ のフーリエスペクトル $o(x_D, y_D)$ を示すが, その波面は球面をなしている. いま波面が z 軸上に中心をもち半径 R' の球面であれば, この波面は $(x^2+y^2)/2R'$ で表わされるから, 式 (5.25) の (x^2+y^2) の項の係数からスペクトルの示す球面の半径 R' は

$$\frac{1}{R'} = \frac{1}{f}\left(1 - \frac{D'}{f}\right) \tag{5.26}$$

である.

5.2 再回折光学系

もし $D'=f$ のときは $R'=\infty$ ということになる.これは,物体面をレンズの前側焦点面にとるとスペクトルは平面波となることを示す[4].

この関係を用いて組み立てられた再回折光学系が,図 5.4 (a) に示す標準的再回折光学系である.物体面,フーリエ変換面,像面がそれぞれレンズ L_2, L_3 の焦点面に配置されている.これらの面上は直角座標を図 5.8 のようにとる.すなわち,物体面に X', Y',フーリエ変換面に x, y,像面に X, Y 座標を,ただし像面のそれは物体面に対して 180 度回転させておく.

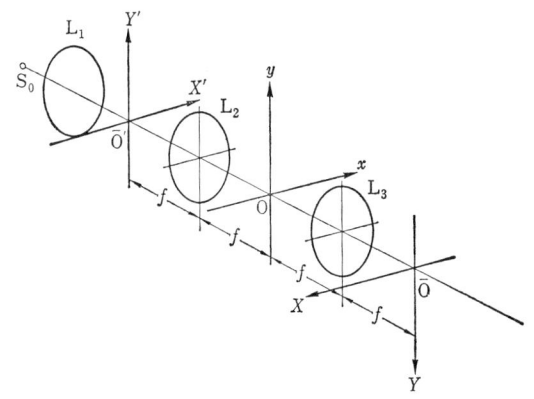

図 5.8 フレネル-キルヒホッフ回折理論による再回折光学系の結像

物体の振幅透過率 $O(X', Y')$ とするとフーリエ変換面の振幅は,式 (5.24) より

$$U(x, y) = Co(x_D, y_D) \tag{5.27}$$

この $o(x_D, y_D)$ は式 (5.22-a) で与えられる.

フーリエ変換面の振幅 $U(x, y)$ はレンズ L_3 によって回折され,像面の振幅を与える.これは式 (5.19) と同様に

$$\begin{aligned}
I(X, Y) &= C' \iint_{-\infty}^{+\infty} U(x, y) e^{i\frac{k}{f}(xX+yY)} dx\, dy \\
&= CC' \left(\frac{f}{k}\right)^2 \iint_{-\infty}^{+\infty} o(x_D, y_D) e^{i(x_D X + y_D Y)} dx_D\, dy_D \\
&= (2\pi)^2 CC' \left(\frac{f}{k}\right)^2 O(X, Y)
\end{aligned} \tag{5.28}$$

像の振幅分布は物体のそれに比例したものになる．ここで像面座標を物体面に対して 180 度回転させておいたのはフーリエ順変換，逆変換の関係を利用するためのものであったことがわかると思う．

この再回折光学系は，後に述べるフィルターリングを行う光学系，また最近のフーリエ光学では最も基本的な光学系とみなされて利用されるけれども，この光学系の作用はレンズに収差がなく，瞳もまた無限に大きいという仮定がはいってその作用が議論されていることは注意を要するところである[†]．フィルターされた結果の像の評価を行う場合は，前章までに述べた点像の振幅分布，あるいは部分的コヒーレンス度なども考慮しなければならず，かなり面倒な取り扱いになる．

5.3 像改良

A. 序論

OTF の応用として像改良の研究がある．これについては詳しい解説書[5)]があるので，ここでは基本的なことのみを解説しよう．

光学系としては収差は極めて少なく，光学系の点像の振幅分布は開口の振幅分布のフーリエ変換（回折積分）で与えられる場合を考える．通常，このような光学系を diffraction limited な光学系といっている．

開口の自己相関関数が OTF であるから，開口の中心部の振幅変化はごくわずか開口をずらして重ねたところで影響が大きくでる．このことは，OTF の低周波の利得に影響を与えることになる．

また開口の周辺部の振幅変化は開口を大きくずらして重ねたときに影響が現われるから，OTF の高周波の利得に影響を与えることになる．

開口が大きいほど回折像の中心付近に回折光が集中するから，開口の周辺の振幅は回折像の中心付近の強度に寄与し，逆に開口の中心付近の振幅は回折像の周辺の強度に寄与することになる．

[†] 幾何光学的な考察には下記の論文がある．
　　松居吉哉ほか：フーリエ変換レンズの収差論的解析，光学，3 (1974), 297.

これら開口の振幅分布，点像の強度分布，OTFの3者の関係を総合すると，定性的には図 5.9 の矢印の線で結んだ相互関係があることになる．すなわち，図のループAは，開口の中心付近の振幅→OTFの低周波の利得→点像の周辺部の強度を結んだもの，ループBは開口の周辺部の振幅→OTFの高周波の利得→点像の中心付近の強度を結ぶもので，この3者はこのループに沿って相互に関連し合うことになる．

いま一つ回折で重要な性質は**バビネの定理**である．すなわち，

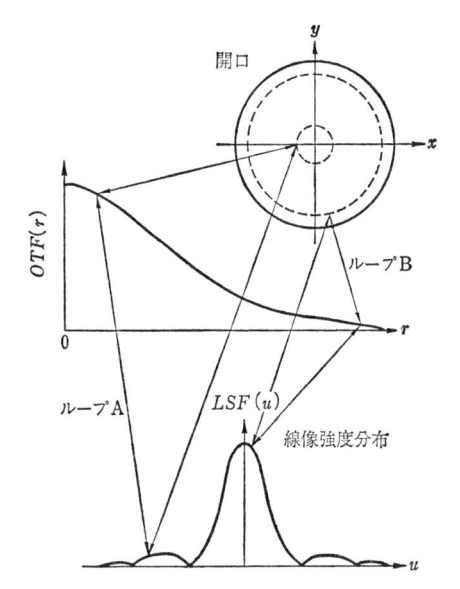

図 5.9 瞳関数，OTF，点像強度分布の関係（ここでは一次元 OTF と線像の強度分布を示している）

「しゃ光板の中に開口があるとき，これによって生ずる回折像（フラウンホーファ回折）とこの開口と同一しゃ光板によって生ずる回折像は同一である」という性質である．

さきのループ A, B の性質と，このバビネの定理を用いて開口に吸収を与える場合の OTF，あるいは点像の強度分布の変化を定性的に考察してみることにしよう．

a．開口の中心部に吸収を与える場合　図 5.9 のループAからわかるように OTF の低周波の利得が減少するから，相対的に高周波の利得が増加する．また，点像の中心付近の強度が減少し，相対的に周辺の強度が増加する．開口の大きさは吸収を与えないときのままであるから，点像の中心強度はあまり変わらない．それで点像の中心付近の強度の減少は，中心核を狭める結果となる．もちろん，この効果が OTF の高周波の利得増となっているものである．

したがって，このような吸収を与えると解像力の改善が可能になる．輪帯開口[6]はこの代表例ということができる．

b．開口の周辺部に吸収を与える場合　図5.9のループ B からわかるように，OTF の高周波の利得が減少し，相対的に低周波の利得が増大する．また点像についていえば，周辺の強度が減少する代わりに中心付近の強度が増加する．a. の場合と同様の理由で中心強度そのものはあまり変わらないから，この中心付近の強度増は中心核を広げることになる．もちろんこのために，OTFの高周波の利得が減少するものである．この高周波の利得の減少，中心核の大きさの広がりは解像力の低下を意味するが，低周波の利得の増加は結像の忠実性を増す効果をもっている．

この点像の周辺部の強度を減らすという性質は，分光器で明るい輝線の周辺回折像をおさえて，すぐ近くにある暗い輝線（側線という）の検出に利用できる[7]．これを**アポジゼイション**（apodization）†という．

それではどのような吸収を与えたならよいかについては，古くから多くの研究があるが，適宜吸収曲線を与え，その効果を試行錯誤で選ぶ方法と，なんらかの像評価量を与え，これを満足する吸収曲線を理論的に求めるという方法が行われている．どちらかというと前者は実用性をねらい，後者はアカデミックな点をねらっている．以下朝倉[8]の例を示そう．

図 5.10 は開口の平均振幅透過率を一定にして

$$T(x) = ax^2 + \left(1 - \frac{a}{2}\right) \quad -2 < a < 2 \quad (5.29)$$

となるように開口の振幅透過率を変えるものである．ここに x は円形開口の動径方向の座標である．

$a < 0$ の場合は，図 5.10 (a) に示すように開口の周辺部に吸収があるようになり，アポジゼイション用となる．OTF は図 5.10 (b) に示す．低周波では利得は増すが，高周波では利得は大きく低下する．

---

† 最近では本来の意味がかなり拡張されて，瞳に吸収を与えて回折像の強度分布を改善する方式一般を指すようになっている．

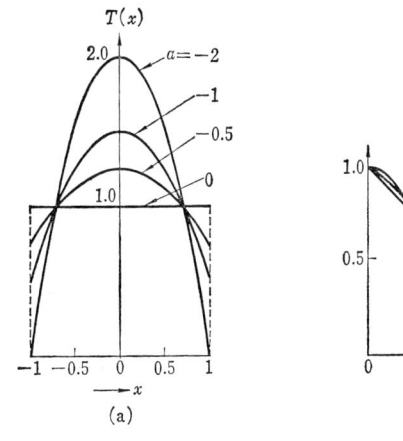

図 5.10　朝倉のアポジゼイションフィルター（朝倉利光[3]）
(a) 瞳の透過率，(b) OTF.

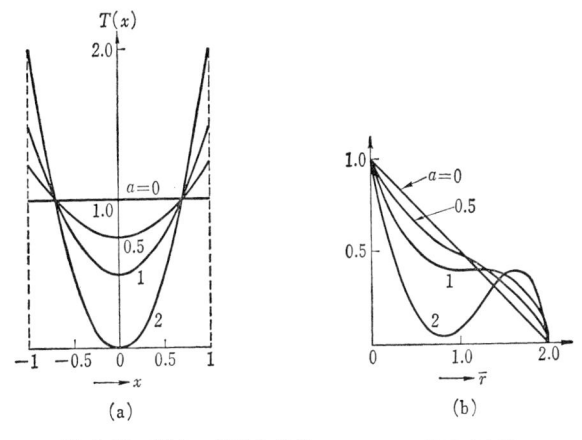

図 5.11　朝倉の解像力改善フィルター（朝倉利光[3]）
(a) 瞳の透過率，(b) OTF.

　$a>0$ の場合は，図 5.11 に示すように開口の中心部に吸収を与えるタイプになるので，ループAの場合に相当し，OTF は図 5.11 (b) に示すように高周波で利得は増大する．したがって，このフィルターは，解像力改善用のものになる．

以上，開口に吸収を与えることにより，アポジゼイションや解像力向上が可能になるが，その効果を定量的に判断するためには，面倒でも回折像を計算してみなければならない．それは，OTF だけでは定性的に一般的傾向を知るにとどまるためである．

B. 空間周波数フィルターリング

a. インコヒーレント光学系の像改良　インコヒーレント光学系を順次カスケードにつなげてゆくとき，合成の OTF_S は §2.4 に示したように個々の $OTF_j (j=1, 2, 3, \cdots)$ の積となる．

$$OTF_S = \prod_{j=1}^{N} OTF_j \tag{5.30}$$

いま結像光学系の OTF を $OTF(r)$，フィルターの OTF を $OTF_f(r)$ とおくと忠実な像を得るためには $OTF_S=1$ であることが理想であるから

$$OTF_f(r) = \frac{1}{OTF(r)} \tag{5.31}$$

であることが要求される．これを逆フィルターという．しかし $OTF(r)$ は low pass filter であるから $OTF(r) \leq 1$，したがって

$$OTF_f(r) \geq 1 \tag{5.32}$$

であるということになる．

フィルターを含めて diffraction limited な光学系では，上式を満足することは物理的に不可能である．そこで図5.12 の実線のように $r=0$ で $OTF(r)=1$ とせず，ある減衰を与えて低周波での OTF を平坦にするという工夫がされている．$r=0$ で減衰を与えるということは負の OTF を考えることであり，負の OTF とは負の強度を意味するから，式 (5.32) の条件を満たすためにはなんらかの

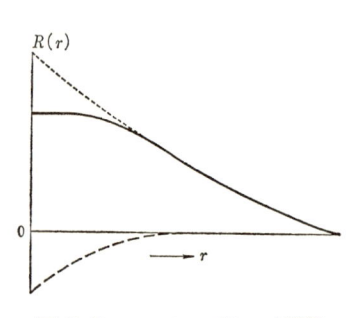

図 5.12　マスキング法の MTF
点線：ポジ画像のスペクトル，破線：ぼけたネガ画像のスペクトル，実線：修正画像のスペクトル．

画像処理を行って負の強度に相当するものをつくらなければならない†.

銀塩感光材料で露光量を大きくすると, かえって黒化度が減少するというハーシェル効果も負の強度をつくると考えられる. また螢光物質は通常紫外線で励起され, 赤外線をあてると励起が抑制される性質がある. この赤外消尽効果も, 負の強度をつくる手段として応用される. またテレビ系を利用して一つの絵素の出力電気信号を適宜コントロールするのは, 実時間の画像処理としては最も容易に行える方法である.

古くから行われている写真技術のマスキング法も, このフィルターリングの一種である. 写真フィルムのネガとポジは, 一方を正の強度とみると他方は負の強度を表わすとみてよい. ネガ像を印画紙に焼き付けるとき, まず図5.12の点線のようなスペクトルをもったネガ像をピンボケを与えてポジフィルムに焼くと, ポジフィルムのスペクトルは図の破線のように負でかつ低周波だけのものになるから, ネガにこのポジフィルムを重ねて焼き付けると, 印画紙には実線のように低周波が平坦にされたスペクトルをもつ像が焼き付けられる. これによってでき上がりの像のコントラストの改善ができる. ポジフィルムの代わりに, フォトクロミックな材料であるロフィンシートなどを利用する工夫が行われている. また, この原理をフライングスポットスキャナーを用い電気的に行う装置なども実用化されている.

いずれにしてもインコヒーレント光学系では開口に細工をするか, 像処理をするかの二つの方法しかなく, その適用範囲も前者では光の回折がきく高周波の範囲, 後者では像処理上一般に低周波の範囲に限られてしまい, 自由にフィルター作用を発揮できるのは次に述べるコヒーレント光学系のフィルターリングしかない.

b. コヒーレント光学系の像改良　§5.2で述べた再回折光学系のフーリエ変換面には物体のフラウンホーファ回折像が得られるので, 振幅透過率 $T(x,y)$ の透過フィルターをこのF面に挿入すると, 物体の回折像すなわちス

---

† インコヒーレント光学系の逆フィルターの応用については, 辻内順平：光学技術ハンドブック, p. 191 (朝倉書店, 1975) に詳しい.

ペクトルに対してフィルターの作用をする.

インコヒーレント光学系では空間周波数フィルターというのは抽象的な概念にすぎなかったが,コヒーレント光学系ではF面に挿入される透過フィルターが,すなわち空間周波数フィルターとなるのが大きな特色である.

物体の空間周波数 r, s とF面の座標 xy との関係はレンズ L_2 の焦点距離 f として(図5.4(a)参照)

$$x = \lambda fr, \quad y = \lambda fs \tag{5.33}$$

である.

さて,図5.4(a)で $OTF(r, s)$ の光学系でつくった像を物体面Oに入れる.これのスペクトル $o(r, s)OTF(r, s)$ はF面に生ずる.ここに透過率 $T(x, y)$ のフィルターを入れるわけであるが,式(5.33)を用いて x, y を r, s に換算して $T(r, s)$ と書くと,F面の振幅分布は

$$O(r, s)OTF(r, s)T(r, s)$$

となる.これのフーリエ変換が像である,ということは像のスペクトルがこれであるということである.したがって総合の $OTF_S(r, s)$ は

$$OTF_S(r, s) = OTF(r, s)T(r, s)$$

であって,F面に挿入したフィルターで修正された $OTF_S(r, s)$ をもつ光学系で得られる像をつくることになる.

忠実性を増すフィルターとして,式(5.31)の逆フィルターも

$$OTF(r, s)T(r, s) = \frac{1}{K} \quad K:\text{定数} \tag{5.34}$$

となるように K を適当に選んで,$T(r, s)$ を0と1の間にあるようにすれば,透過フィルターとしてつくることができ,インコヒーレントの場合よりはよいものができる.

とはいっても,$OTF(r, s)$ を知ってこのフィルターを正確につくるには,技術的にはいろいろの困難がある.通常は吸収を与えるため写真乳剤の黒化,金属薄膜の吸収が利用されるが,写真の場合は黒化の直線性やラティチュード,金属膜では吸収と膜厚の関係による膜厚の制御など困難が多い.

5.3 像改良　　　　　　　　　　　　　　　　105

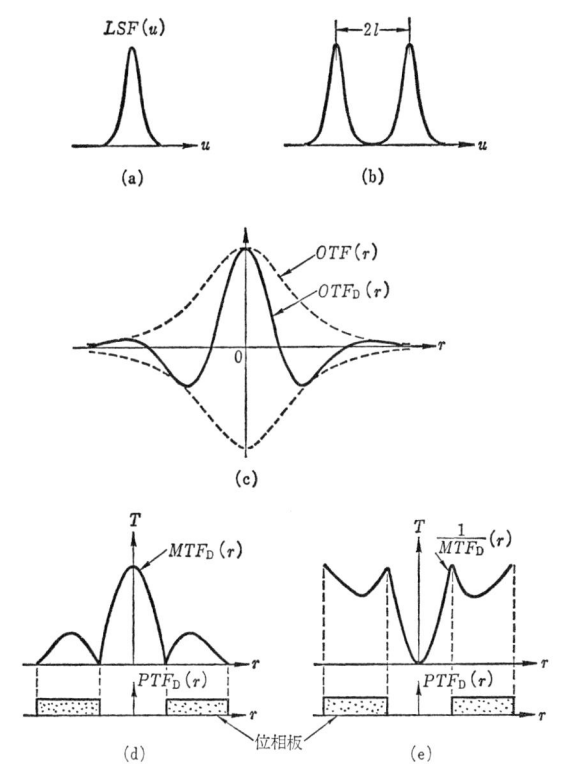

図 5.13 逆フィルターを利用する二重露光写真の修正
（a）カメラの線像強度分布，（b）二重露光の線像強度分布，（c）二重露光の $OTF_D(r)$，（d）$OTF_D(r)$ を実現する透過フィルター，（e）$OTF_D(r)$ に対する逆フィルターの透過率．

一例として二重露光写真の修正[9]をあげておこう．

いま簡単のため一次元で考えて結像光学系の線像強度分布を $LSF(u)$ とする（図 5.13(a)）．二重露光のため，これが $2l$ ずれて撮影されたとすると，この光学系の線像は見掛け上

$$LSF_D(u) = LSF(u-l) + LSF(u+l)$$

となっている（図 5.13(b)）．

この光学系の OTF_D はこれをフーリエ変換して

$$OTF_D(r) = OTF(r)e^{-i2\pi lr} + OTF(r)e^{i2\pi lr}$$
$$= 2\,OTF(r)\cos 2\pi lr$$

ここで $OTF(r)$ は本来の光学系の $LSF(u)$ に対する OTF である.

これは図 5.13(c) のように $\cos 2\pi lr$ によって $OTF(r)$ が変調されたものである.図の実線に示した振幅透過率フィルターを実際につくるには,図 (d) のように透過率を $MTF_D(r)$ に比例させ,負の部分には $PTF_D(r)$ の位相を π ずらすように位相板を付ければよい.したがって,二重露光修正用フィルターは,透過率 $1/MTF_D(r)$ を式 (5.34) の K を十分大きくとってラティチュードを縮小させ,$T<0$ の部分には π の位相を与える位相板を付けた図 (e) のようにつくればよい.なお位相板は通常,MgF_2 などの透明薄膜を真空蒸着してつくられる.

c.　その他　　再回折光学系を用いると,ノイズの減少や,ノイズの中から所望の像を取り出すことも可能である[10].これらは通信系のフィルター理論を光学に応用した所産である.

物体にノイズが加わっている場合,ノイズのスペクトルは物体のそれよりも高周波に伸びているのが普通であるから,図 5.4(a) の再回折光学系の F 面に適当な絞りをおいて物体のスペクトルだけを通すようにすれば,ノイズの高周波成分を除去できるので,全体としてノイズは減少する.

また,このとき物体のスペクトル $o(r,s)$ の共役複素数 $o^*(r,s)$ に比例する透過率をもつフィルターをおけば,信号対ノイズ比を最大にできる.これはマッチトフィルターといわれるもので,情報処理の手段の一つであるが,フィルターに所望の位相を付加することが困難でホログラフィではじめて実現したものである[11].

物体の振幅分布を $O(u)$ とし,その一次微分 $O'(u)$ のフーリエ変換は $-ir\,o(r)$ である.図 5.4(a) の再回折光学系で $o(r)$ は F 面に現われるので,ここに振幅分布が $-ir$ に比例する透過フィルターを用いれば物体の微分パターンが像として得られる.振幅分布が $-ir$ のフィルターは,中心からの距離に比例して吸収が減少する吸収フィルターに $3\pi/2$ の位相を与える位相板を付加す

5.4 光学的振幅変調

ラジオやテレビのオーディオ,ビデオ信号の伝送はそのまま電波として送らずに信号を搬送波に乗せて送り,これを検波,復調して元のオーディオ,ビデオ信号に戻している.この搬送波に乗せるのは信号の分離が第一の目的であるが,放射エネルギー,雑音の点でもこの方式が有利であるためである.

変調には搬送波の振幅を信号で変調する振幅変調,搬送波の周波数,あるいは位相を信号で変調する周波数変調,位相変調,また搬送波はパルス列としてパルスの幅,間隔,パルス高を変調するパルス変調がある[12].

通信系の時間軸を空間座標におきかえるとき上記の変調理論は光学の問題になるが,光学でこのような変調を必要とするのはやはり信号分離であって,ホログラフィはその代表的な例である.しかし,そのほかモアレ縞のように光学現象として現われるものも多い.

光学ではおもに振幅変調であるから,通信の振幅変調の性質をまず考えてみることにする.

搬送波の瞬時値を

$$I_t = I_0 \sin(\omega t + \theta) \tag{5.35}$$

とし,信号をここでは簡単のため正弦波振動であるとして

$$i_t = i_M \cos \mu t$$

とおき,搬送波の振幅 I_0 を $\pm i_M$ の間で

$$I_0 = I_M(1 + K \cos \mu t) \tag{5.36}$$

と変えるのを**振幅変調**という.ここに ω, μ は搬送波,信号波の角周波数,$K = i_M/I_M$ は**変調比**とよばれる.式 (5.35) に (5.36) を代入すると

$$\begin{aligned} I_t &= I_M \sin(\omega t + \theta) + I_M K \cos \mu t \, \sin(\omega t + \theta) \\ &= I_M \sin(\omega t + \theta) + \frac{1}{2} I_M K \{\sin[(\omega + \mu)t + \theta] + \sin[(\omega - \mu)t + \theta]\} \end{aligned}$$

となり,変調波の瞬時値は図 5.14 (a) のように搬送波のスペクトル ω のほかに $\omega + \mu$, $\omega - \mu$ のスペクトルをもつことになる.これを側帯波という.変調エネ

ルギーはすべてこの側帯波に含まれ，また側帯波は同符号であることが特色である．

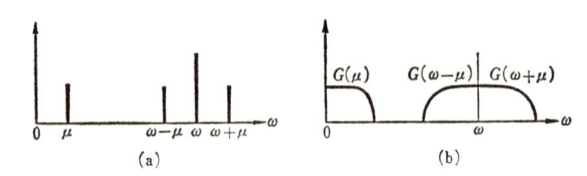

図 5.14 振幅変調信号のスペクトル
（a）変調信号が正弦波の場合，（b）変調信号がスペクトル幅をもつ場合．

信号波のスペクトルが一般に $G(\mu)$ であるときは，その成分波についてそれぞれ $\omega+\mu$, $\omega-\mu$ の側帯波が生ずるので，図5.14(b) のように側帯波は $G(\omega+\mu)$, $G(\omega-\mu)$ となる．

振幅変調波を得るには，搬送波と信号波の積をつくることが基本である．

光の場合，この積はたとえば透過率 T_1, T_2 の二つのマスクを重ねると容易につくることができる．しかし，この透過率を振幅透過率で考えるか，強度透過率で考えるかの二つの場合が生じる．

以下，強度で考える場合をインコヒーレント系の光学的振幅変調，振幅で考える場合をコヒーレント系の光学的振幅変調とよぶことにする．

A. インコヒーレント系の光学的振幅変調

強度透過率 $O(u)$ の一次元物体と強度透過率 $M(u)$ の一次元マスクを重ねるときの合成透過率 $O(u)M(u)$ のスペクトル $o'(r)$ は，おのおののスペクトル $o(r)$, $m(r)$ の接合積で与えられる．

$$o'(r) = \int_{-\infty}^{+\infty} o(r')m(r-r')\,dr' \tag{5.37}$$

いまマスク $M(u)$ が周波数 r_M の一次元格子であるとすると，フーリエ級数展開を用いて

$$M(u) = \sum_{-\infty}^{+\infty} a_j e^{i2\pi j r_M u} \qquad (j=0, \pm1, \pm2, \cdots)$$

で与えられ，そのスペクトルはディラックの δ 関数を用いて

$$m(r) = \sum_{j=-\infty}^{+\infty} a_j \delta(r - jr_{\mathrm{M}})$$

したがって，式（5.37）は

$$o'(r) = \int_{-\infty}^{+\infty} o(r') \sum_j a_j \delta(r - jr_{\mathrm{M}} - r')\, dr'$$

$$= \sum_j a_j o(r - jr_{\mathrm{M}}) \tag{5.38}$$

これは，図 5.15 (a) のように物体スペクトルが格子のスペクトルに乗った形となる．図 5.14 では搬送波は一つの周波数しかなかったので，一組の側帯波であったが，いまの場合は搬送波が多数の高周波をもつため側帯波もまたそれぞれの高調波に一組ずつついているわけである．

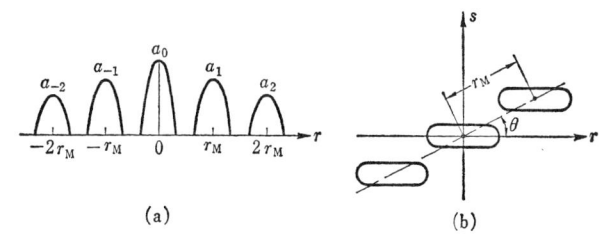

図 5.15 格子で変調された透過物体のスペクトル
（a）r 方向のスペクトル，（b）格子を回転したときの周波数 r, s 面内のスペクトル．

この一次元マスク $M(u)$ を uv 平面内で角度 θ だけ回転させると

$$M(u, v) = \sum_j a_j e^{i\, 2\pi j r_{\mathrm{M}}(u \cos \theta + v \sin \theta)} \tag{5.39}$$

となり，これは基本周波数が u 方向では $r_{\mathrm{M}} \cos \theta$, v 方向では $r_{\mathrm{M}} \sin \theta$ となり，このスペクトルは二次元のスペクトル面 r, s 内で，図 5.15(b) のようになる．これは光学の場合搬送波の方向も利用できることを示すもので，光学的振幅変調の特色である．

a．モアレ縞　2枚のカーテンやスダレが重なると，複雑な粗い縞模様をつくることは日常よく見掛けるところである．これをモアレ縞という．これは周期的構造をもつ透過物体が重なって生ずる光学的振幅変調の一例である．

いま簡単のため，ともに一次元格子の場合を考える．それには前節の物体

$O(u)$ もまた一次元格子と考えればよい.
すなわち
$$O(u) = \sum_l b_l e^{i\,2\pi l r_0 (u-\varepsilon)}$$
ここに r_0 は格子の周波数, ε は格子とマスク $M(u)$ の相対的ずれである.

このスペクトルは
$$o(r) = \sum_l b_l \delta(r - l r_0) e^{i\,2\pi l r_0 \varepsilon} \tag{5.40}$$

これらを式 (5.37) に代入すると
$$o'(r) = \int_{-\infty}^{+\infty} \sum_l b_l \delta(r' - l r_0) e^{i\,2\pi l r_0 \varepsilon} \sum_j a_j \delta(r - j r_M - r')\,dr'$$
$$= \sum_l \sum_j a_j b_l \delta(r - j r_M - l r_0) e^{i\,2\pi l r_0 \varepsilon} \tag{5.41}$$

(1) $j+l=0$ の項だけをとりだすと
$$o_1'(r) = \sum_j \sum_{-j} a_j b_{-j} \delta(r + (r_0 - r_M)j) e^{-i\,2\pi j r_0 \varepsilon} \tag{5.42}$$

(2) $j-l=0$ の項だけをとりだすと
$$o_2'(r) = \sum_j \sum_j a_j b_j \delta(r - (r_0 + r_M)j) e^{i\,2\pi j r_0 \varepsilon} \tag{5.43}$$

これらは $(r_0 - r_M)$, $(r_0 + r_M)$, すなわち物体格子とマスク格子の周波数の和と差の周波数を示す. 通常 $(r_0 - r_M)$ をモアレ縞として眼で見ることができる.

モアレ縞の間隔 d は
$$d = \frac{1}{r_0 - r_M}$$

物体格子は $r_0 \varepsilon = 1$ ごとに格子 1 個分動くから
$$\varepsilon = \frac{1}{r_0}$$

$$\therefore \quad \frac{d}{\varepsilon} = \frac{r_0}{r_0 - r_M} \tag{5.44}$$

r_0, r_M をごく近い周波数に選べば d/ε は非常に大きくなり, モアレ縞の移動 d を測定することで微少の ε を測定することができる. これが測長機などに干渉法に代わってモアレ縞が利用される理由である.

二次元図形どうしがつくるモアレ縞は一般に複雑な図形となる†. 図 5.16 は二つのやや半径の違うフレネル輪帯のつくるモアレ縞である. このモアレ縞はフレネル輪帯となる[13]. また面内変形の測定や三次元計測[14]に有力な手段としてモアレ縞は利用されているが, これらの扱いは幾何学的解析によるものであるからここではふれないことにする.

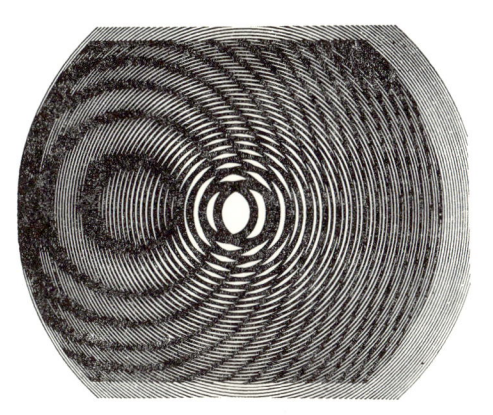

図 5.16　フレネル輪帯のつくるモアレ縞
（久保田敏弘氏（東大生研）提供）

b. モアレ縞を利用した超解像　　光学系の物理的な分解能は OTF のしゃ断周波数 r_c で決まるので, これより高い周波数の物体構造は光学系では結像しない. しかし, 適当な格子周波数 r_M の格子を物体に重ね, そのモアレ縞の周波数 $r-r_M$ を

$$r-r_M < r_c$$

にすれば, このモアレ縞は光学系を通るから物体の存在は検知することができる. これは Blanc-Lapierre[15] が試みた超解像である. しかし, この場合も通信の場合と同じようにこのモアレ縞を復調することができれば物体を見ることができる.

Lukosz[16] はモアレ縞の復調光学系として, はじめに利用したのと同じ格子を用い, 第二のモアレ縞

$$(r-r_M)+r_M$$

をつくり, r を得ることを試みている.

光学系の OTF を $OTF(r)$ とし, 変調のための格子マスク $M(u)$ を掛け

---

† Edmund Scientific Co., Barrington, New Jersey 08007 U.S.A. からモアレキットが教育用として市販されている.

た物体像のスペクトル $i(r)$ は式 (5.38) より

$$i(r) = OTF(r) o'(r)$$
$$= OTF(r) \sum_j a_j o(r - jr_M) e^{ijr_M \varepsilon_1} \quad (5.45)$$

ただし，ここでは式 (2.38) と異なり，ε_1 だけ格子の原点は物体のそれからずれているとしている．

上記の変調された光学像に復調のために周波数 r_M の格子 $M'(u')$ をいまいちど重ねるのであるが，これもまた物体の原点から ε_2 だけずれているものとして

$$M'(u') = \sum_l a_l e^{ilr_M(u' - \varepsilon_2)}$$

と書くと，このスペクトル $m'(r)$ は

$$m'(r) = \sum_l a_l \delta(r - lr_M) e^{ilr_M \varepsilon_2} \quad (5.46)$$

したがって，復調された像のスペクトル $i'(r)$ は式 (5.45) の $i(r)$ と式 (5.46) の $m'(r)$ のコンボリューションで与えられ

$$i'(r) = \int_{-\infty}^{+\infty} OTF(r') \sum_j a_j o(r' - jr_M) e^{ijr_M \varepsilon_1} \sum_l a_l \delta(r - lr_M - r') e^{ilr_M \varepsilon_2} dr'$$
$$= \sum_j \sum_l a_j a_l o(r - (j+l)r_M) OTF(r - lr_M) e^{ir_M(j\varepsilon_1 + l\varepsilon_2)} \quad (5.47)$$

$j + l = 0$ を満足する項は

$$i_1'(r) = \sum_j \sum_{-j} a_j a_{-j} o(r) OTF(r + jr_M) e^{ir_M j(\varepsilon_1 - \varepsilon_2)}$$
$$= o(r) OTF_s(r) \quad (5.48\text{-a})$$

ここに

$$OTF_s(r) = \sum_j \sum_{-j} a_j a_{-j} OTF(r + jr_M) e^{ir_M j(\varepsilon_1 - \varepsilon_2)} \quad (5.48\text{-b})$$

である．

この $i_1'(r)$ の項は物体のスペクトル $o(r)$ を含む項であるから，所望の項である．また $OTF_s(r)$ は全光学系の OTF，すなわち合成 OTF である．これは格子周波数 jr_M (j=整数) にもとの $OTF(r)$ が乗った形で，a_j が高次まであるほど OTF を高周波まで広げることができる．これは，もとの光学系のしゃ断周波数を高周波に伸ばせることを意味する．

5.4 光学的振幅変調

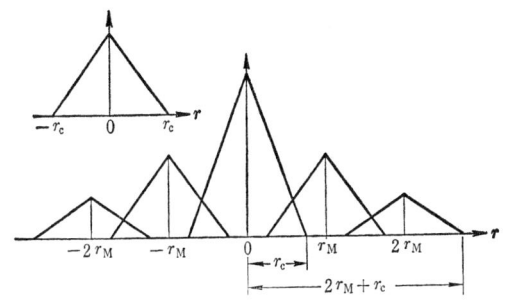

図 5.17 モアレ縞を利用した超解像光学系の OTF

図 5.17 は，$OTF(r)$ がしゃ断周波数 r_c である三角形で a_j が 2 項まである場合を示したものである．$r_c < r_M$ であるから合成の OTF_s はぎざぎざはあるが，しゃ断周波数を r_c から $2r_M + r_c$ に拡大している．r_c に対して適当な r_M を選べば，合成 OTF_s は単調減衰の形にすることができる．

さて式 (5.47) には $j+l \neq 0$ の項もある．これは上記の復調した像に対してはノイズとみなせるパターンのスペクトルと考えられる．

いま変調マスクと復調マスクの原点のズレ ε_1, ε_2 を等しく ε とすると，$j+l=0$ の項は

$$i_1'(r) = \sum_j \sum_{-j} a_j a_{-j} o(r) OTF(r+jr_M) \tag{5.49}$$

となり位相項はなくなるが，$j+l \neq 0$ の項は

$$i_2'(r) = \sum_j \sum_l a_j a_l o(r-(j+l)r_M) OTF(r-lr_M) e^{ir_M(j+l)\varepsilon} \tag{5.50}$$

となるから，もし ε を時間的に変化させると $i_1'(r)$ をスペクトルとする像は横移動を生じないが，$i_2'(r)$ をスペクトルとする像は横移動を生ずる．したがって，$i_2'(r)$ を時間的に平均化してしまい，$i_1'(r)$ のみを得ることができる．

図 5.18 はこの方式による Lu-

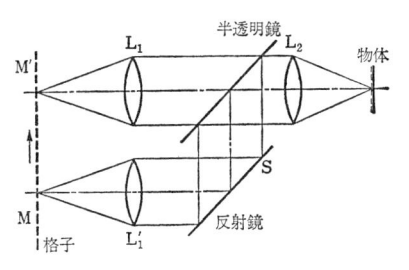

図 5.18 モアレ縞を利用した超解像実験装置

kosz の装置である．一つの格子の一部を変調用格子，一部を復調用の格子とするもので，レンズ L_1'，鏡 S，レンズ L_2 により格子の一部 M の像を物体上につくる．この物体像をレンズ L_2，L_1 で格子の一部 M′ 上につくる．格子は時間的に振動し上記の $j+l \neq 0$ の項を平均化し，$j+l=0$ のみの項の像をつくる．

以上は一次元物体について有効であるが，これを二次元物体に拡張することも Morgenstein と Paris[17] によって試みられている．

B. コヒーレント光学系の振幅変調

a. モアレ縞を用いた超解像

§ 5.4. A. b. で述べた Lukosz の超解像はインコヒーレント光学系のものであったが，コヒーレント光学系ではフィルタリングの技術が用いられるので，モアレ法で行う超解像のときに生ずる余分の像を消去するのは容易である．

図 5.19 は再回折光学系を用いた超解像光学系である[18]．物体と変調用の格子は図の M 面に置かれる．その像は復調用の格子が置かれる M′ 面につくられる．一方，物体と変調格子のスペクトルは P 面に，また復調格子と物体像のスペクトルは F 面にできる．

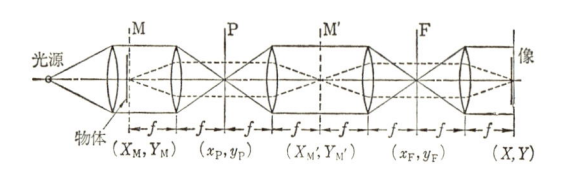

図 5.19 再回折光学系を利用した超解像光学系

M，M′ 面に直角座標 (X_M, Y_M)，$(X_{M'}, Y_{M'})$ を，P 面，F 面に直角座標 (x_P, y_P)，(x_F, y_F) をとり，Y_M，$Y_{M'}$，y_P，y_F はこの光学系の子午面（図の紙面内）に一致するようにする．M 面で格子を X_M 軸から角 θ だけ回転すると P 面上では $x_P = \lambda f r_M \cos\theta$，$y_P = \lambda f r_M \sin\theta$ となる．ここに f はレンズの焦点距離である．そこで，もし図 5.20(a) のように物体スペクトルが y_P 方向で Δy_P 内に限られていれば

$$\Delta y_P \leq \lambda f r_M \sin\theta$$

を満足する方向 θ まで格子を回転すれば，図 (b) のように格子の高調波に乗っ

た物体スペクトルを x_P, y_P 面内で二次元的に分離することができる．

この光学系の開口はP面で与えられる．いま図(c)のように，これが矩形であるとするとP面の変調物体のスペクトルはこの矩形内に限られることになる．さてF面ではどうなるかというと，M′面におかれた第二の格子のスペクトルにP面の開口が乗ったものであるからM′面の格子がM面の格子と平行であれば図(d)のようになる．すなわち格子スペクトルのある次数では物体スペクトルの全部は開口を通らないが，そのしゃ断された周波数部分

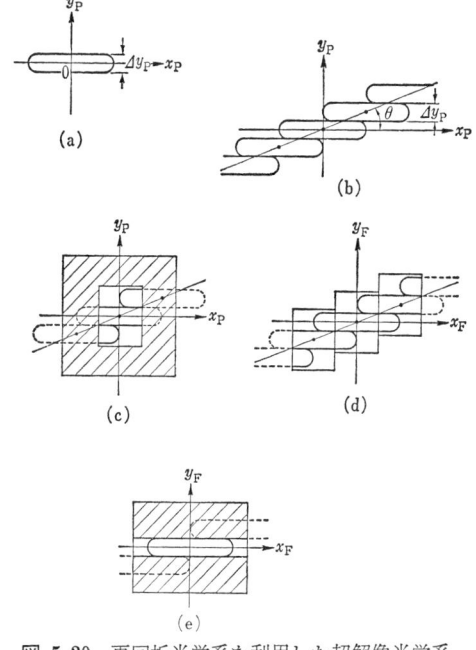

図 5.20 再回折光学系を利用した超解像光学系のスペクトル

（a）物体のスペクトル，（b）P面の振幅分布（格子変調物体のスペクトル），（c）P面におかれる矩形開口，（d）F面の振幅分布（P面の振幅分布の格子変調スペクトル），（e）F面におかれるスリット開口（最終画像のスペクトル）．

が格子スペクトルの前後のスペクトルに乗った物体スペクトルで補充される形となっている．そこで，図(e)の斜線部で示したような y_F 軸に平行なスリットをF面に入れて格子スペクトルのある次数だけを取り出せば，物体のスペクトルのみを取り出すことができる．

Grimm と Lohmann[18] は格子間隔 d，格子幅（透過部の幅）a として $a/d=1/2$ の格子を用いて実験しているが，矩形開口の光学系について $a/d=1/3$, 1/4, 1/6 と格子幅を狭めていくと図5.21にこの光学系の線像を示すが，中心幅はかなり狭くなり，確かに分解能が増加することがわかる．また線像の裾も

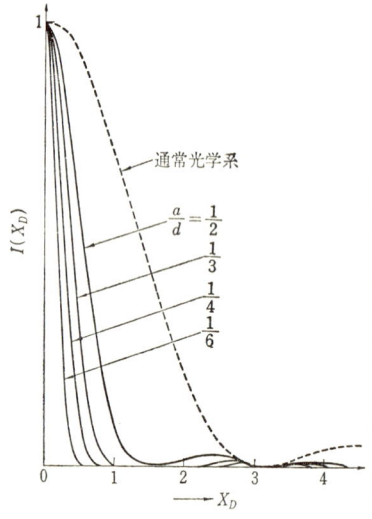

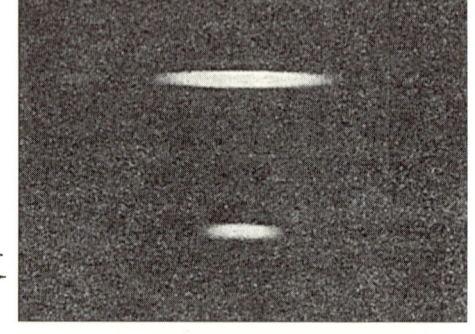

図 5.21　矩形開口超解像光学系の線像の強度分布の計算値　（久保田敏弘ほか[19]）
a：格子の透過部の幅，d：格子の間隔，X_D：回折単位で計った像面座標．

図 5.22　矩形開口超解像光学系の線像　（久保田敏弘氏（東大生研）提供）
写真上：通常の光学系，写真下：$a/d=1/4$ の場合の超解像光学系．

かなりおさえられていわゆるアポジゼイションの効果もあることがわかる[19]．

図 5.22 は線像の一部を通常の光学系の場合（写真の上部）と超解像光学系の場合（$a/d=1/4$）（写真の下部）を比較したもので線像の中心の幅は約 1/4 に狭められている．また，線像の一次の回折リングもほとんど消されていることがわかる．

なおコヒーレント系の超解像の方法としては，物体を斜めに照明し ATF を横ずらしできるという性質を利用した方法もある[20]．

b．データ変調　物体に格子を重ねた変調物体のスペクトルは図 5.20 (b) に示したように二次元的に配置されるので，図 5.23 (a) のような風景の図形で家の屋根は縦の格子，壁は斜めの格子，背景は横の格子というように図形の部分部分を周波数，および方向を異にする格子で変調しておくと，この変調物体のスペクトルは格子の周波数，方向に応じて図 (c) のようにそれぞれの格子ス

5.4 光学的振幅変調

ペクトルに部分図形のスペクトルが乗ったものになる．図(c)では周波数は同じ格子を用い，ただ方向だけを変えているから壁，背景，窓，屋根のスペクトルは格子のスペクトルに乗って同一半径の円周上に配列されている（図では±一次の格子スペクトルのみを示している）．この部分図形のスペクトルを格子の正負のスペクトル全部で高次まで取り入れて再生すると，再生像は最も明るくなる．また，正または負だけを用いて再生すれば明るさは1/2となる．したがって図形の明るさも白，灰，黒であれば，そのとおり再生することができる．図(d)はこれを利用してしゃ蔽板を用い，部分図形のスペクトルを選択的に取り出して再生する場合を示したものである．すなわち，このしゃ蔽板により壁は負のスペクトルをしゃ断して1/2の明るさ，窓と背景は正負のスペクトルすべてを用いているから白，屋根は正負のスペクトル両方をしゃ断して黒となり，元の図形の明暗と同じものが再生されることがわかる．このように，格子の方向を利用して変調スペクトルの重なり（これを通信ではクロストークという）を避けるようにしたものを**テータ変調**[21]（theta modulation）という．色光についても特定の色を特定の格子方向に変調して記録し，再生のときはその方向に特定の色フィルターをかけるとよいから，白黒フィルムを用いて色光の記録，再生も可能となる．

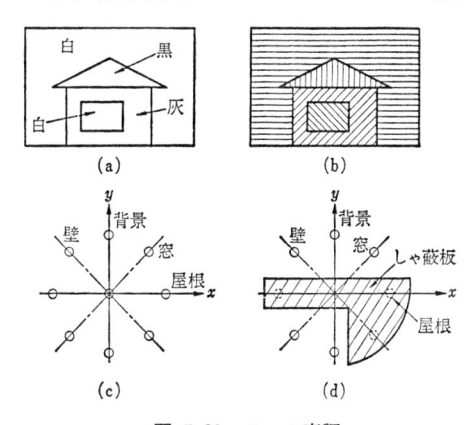

図 5.23 テータ変調
（a）物体，（b）格子変調された物体，（c）格子変調物体のスペクトル，（d）スペクトルのフィルタリング．

この画像の記録方法は通常の写真記録のようにフィルム全面に一画像というのではなく，スペクトルをフィルムに二次元的に分散して記録するので，多数の画像を1枚のフィルムに記録できる利点がある．最近の**搬送波写真**[22]（carrier photography）も，原理的にはこのテータ変調の応用であるといってよい．

c. ホログラフィ　電気通信では,振幅変調波を得るには搬送波と信号波の積をつくることが基本であるといった.これには通常 linear-modulator といわれる多極管のC級増幅を利用したものが用いられているが,初期には Van der Bijl modulator[23] といわれるグリッド電圧対プレート電流の2乗特性を利用するものがあった.

プレート電流 i_p とグリッド電圧 e_g の間に

$$i_p = a_1 e_g + a_2 e_g{}^2$$

の関係があるとして搬送波電圧 e_c,信号波電圧 e_m をともにグリッドに加えると

$$i_p = a_1(e_c + e_m) + a_2(e_c + e_m)^2$$

となる.図 5.24 のように 2 本の真空管を push-pull に用い,おのおののプレート電流,i_{p1},i_{p2} の差をとるようにすると

$$i_{p1} = a_1(e_c + e_m) + a_2(e_c + e_m)^2$$

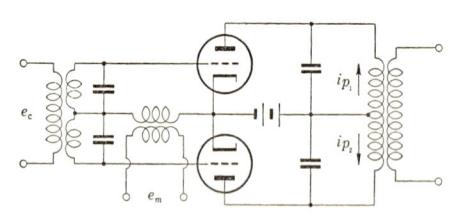

図 5.24　Balanced modulator の一例

$$i_{p2} = a_1(-e_c + e_m) + a_2(-e_c + e_m)^2$$

であるから

$$i_{p1} - i_{p2} = 2 e_c (a_1 + 2 a_2 e_m) \tag{5.51}$$

となり,搬送波 e_c の振幅を $(a_1 + 2 a_2 e_m)$ で変調できる.すなわち,e_c と e_m の積を得ることができる.

写真乾板は光の強度を記録する.光の振幅から強度への変換は 2 乗であるから,写真乾板は二乗検波器とみることができる.そこで二つの光の振幅の和を写真に記録すれば,上記の Van der Bijl modulator で振幅変調波をつくるのと全く同じことになる.

すなわち参照光の振幅 e_c,物体からの反射,あるいは透過光の振幅 e_m として両者の和——光ではこれを干渉という——の 2 乗をとると,これは強度で

$$|e_c + e_m|^2 = |e_c|^2 + |e_m|^2 + e_c e_m{}^* + e_c{}^* e_m \tag{5.52}$$

ここに * は共役複素数を表わす.

5.4 光学的振幅変調

この第三,第四項は前の通信の振幅変調と同一である.そのことは,e_m という光の振幅が写真的に記録されたということである.そこで,もしこの写真乾板を現像して,記録した強度に比例する振幅透過率が得られたとし,振幅 e_b の光をこれにあてると $e_b e_c{}^* e_m$,$e_b e_c e_m{}^*$ と物体光の振幅が写真乾板から再生され,e_m,$e_m{}^*$ の物体像をつくることになる.e_m によるものを**直接像**,$e_m{}^*$ によるものを**共役像**という.

レンズを用いて物体の像を写真に記録する代わりに,物体からの回折波を記録し,再生するという二つの過程で物体を記録再生する方法を**ホログラフィ**という.

上記のように,これが通信の振幅変調と対応されて論じられるようになったのはごく最近のことである.光学では,§1.6 B. の光学的スペクトル合成の例として述べた Bragg の X-ray microscope がその初めである.

Bragg の場合,もしスペクトルの位相を付加できれば再回折によって正しい物体像が得られるといったが,これを初めて可能にしたのは Gabor[24] である.

Gabor は図 5.25(a) のように,物体の周囲に物体照明光をそのまま素通しする部分を設け,物体回折光とこの素通りの光の干渉パターンを写真乾板に記録するようにした.

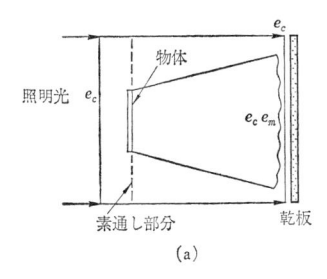

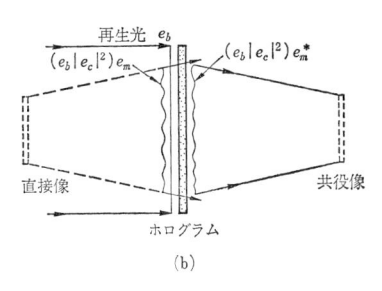

図 5.25 Gabor のホログラム
(a) ホログラムの製作,(b) ホログラムの再生.

平面波で照明したときの物体回折波の乾板面上の振幅を e_m とすると,物体を振幅 e_c の光で照明するときは $e_c e_m$ となる.また物体周囲の素通しの部分の振幅はもちろん e_c であり,それがそのまますすんで乾板面上でも e_c であ

るとする．このとき乾板面上の干渉，パターンの強度は

$$I = |e_c + e_c e_m|^2 \tag{5.53}$$

である．

もし乾板の現像後の振幅透過率 $\sqrt{T}$ が I に比例するようにできたとして，これを図 5.25 (b) のように振幅 e_b の波面で照明すると，乾板上の再生波面は

$$e_b \sqrt{T} = e_b |e_c|^2 \{1 + |e_m|^2 + e_m + e_m{}^*\} \tag{5.54}$$

となる．

e_m, $e_m{}^*$ という物体からの回折波，ならびにそれの共役波が再生されることがわかる．しかしこれらは照明波 e_b に乗っているから，この照明波の進行方向上にこの二つの像をつくることになる．乾板上に再生された e_m の波面は，あたかも物体が元あった位置から光を発しているときと同じであるから，これは元の位置に物体があるかのように見える波面である．一方 $e_m{}^*$ は，これと逆位相の波でプシュード像といわれる前後が逆になった像をつくる．e_m によってつくられる直接像を見るとき $e_m{}^*$ の共役像が眼と直接像の間にできるので，これの焦点はずれの像を同時に見ることになる．これを**二重像**（twin image）という．この二重像を避ける工夫は Lohmann[25] が試みているけれども，完全な方法というと Leith, Upatnieks[26] の方法である．この方式は Gabor の方法では素通しの光は物体照明光を兼ねていたけれども，これを別にするもので，図 5.26 (a) のように物体は波面 e_c で照明し，素通しの光に相当する波面は e_c と別の光路を経て乾板にあてるようにする．これを e_r とする．乾板上の物体回折波は前と同様 $e_c e_m$ であるが，これに e_r が加わり干渉した干渉パターンを乾板に記録するようにする．干渉パターンの強度 I は

$$I = |e_r + e_c e_m|^2 \tag{5.55}$$

である．もし現像後の乾板の振幅透過率 $\sqrt{T}$ が上記の I に比例するようにできたとして，再生光 e_b をこれにあてると

$$e_b \sqrt{T} = e_b |e_r|^2 + e_b |e_c e_m|^2 + e_b e_r e_c{}^* e_m{}^* + e_b e_r{}^* e_c e_m \tag{5.56}$$

図 5.26 (b) のように乾板上に再生される波面のうち e_m, $e_m{}^*$ は，それぞれ $e_b e_r{}^* e_c$, $e_b e_r e_c{}^*$ の波面に乗っている．これらは e_b そのものではなく参照光 e_r

5.4 光学的振幅変調

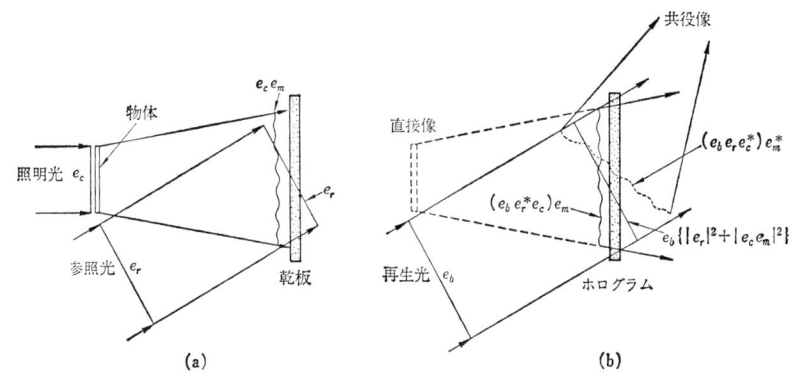

図 5.26 Leith, Upatnieks のホログラム
(a) ホログラムの製作，(b) ホログラムの再生．

の方向に依存するから e_m, e_m^* がつくる直接像，共役像を方向的に分離することができる．すなわち，直接像を見るときに共役像の焦点はずれの像が同時に眼にはいらないように e_r の方向をあらかじめ設定しておきさえすればよい．

物体照明光 e_c と参照光 e_r を分離した Leith, Upatnieks の方法は，いま一つの利点がある．それは，現像後の振幅透過率 $\sqrt{T}$ を干渉パターンの強度 I に比例させるための現像条件が緩和されることである．

干渉パターンを乾板に記録するときの露光量 E は露光時間 t として $E=tI$ である．

現像後の写真濃度 D と露光量 E との間には巨視的に Hurter-Driffield の関係があり，感材のガンマを γ とおいて

$$D = \gamma \log_{10} E$$

である．

乾板の強度透過率 T とすると $D = -\log_{10} T$ であるから

$$T = E^{-\gamma}$$

乾板の振幅透過率を $\sqrt{T}$ とすると

$$\sqrt{T} = E^{-\gamma/2} \tag{5.57}$$

である．

したがって，振幅透過率を干渉パターンの強度 I に比例させるためには γ を

−2 にすることが条件となる.

Gabor の場合は

$$E=tI=t|e_c|^2|1+e_m|^2$$

であるから $\gamma=-2$ に仕上げる必要があるが，Leith, Upatnieks の場合は $e_c/e_r=\varepsilon$ とおくと

$$I=|e_r|^2|1+\varepsilon e_m|^2=|e_r|^2\{1+|\varepsilon e_m|^2+\varepsilon e_m+\varepsilon^* e_m^*\}$$

したがって

$$\sqrt{T}=t^{-\frac{\gamma}{2}}|e_r|^{-\gamma}\{1+|\varepsilon e_m|^2+\varepsilon e_m+\varepsilon^* e_m^*\}^{-\frac{\gamma}{2}}$$

もし $\varepsilon \ll 1$ であるならば

$$\sqrt{T} \doteqdot t^{-\frac{\gamma}{2}}|e_r|^{-\gamma}\left\{1-\frac{\gamma}{2}(\varepsilon e_m+\varepsilon^* e_m^*)\right\} \tag{5.58}$$

と近似してもよく，γ は必ずしも -2 の必要はなく，むしろ高いほうが再生像が明るくなることになる.

文 献

1) たとえば久保田 広：波動光学, p. 273（岩波書店, 1971）.
2) 同上, p. 96.
3) J. W. Goodman: *J. Opt. Soc. Am.*, **60** (1970), 506.
4) J. W. Goodman: *Introduction to Fourier Optics.* (McGraw-Hill, 1968).
5) 辻内順平, 村田和美：光学情報処理（朝倉書店, 1974）.
6) 久保田 広：波動光学, p. 279（岩波書店, 1971）.
7) P. Jacquinot and B. Roizen Dossier. "Apodisation", *Progress in Optics*, Vol. II, p. 31 (North-Holland, 1964).
8) 朝倉利光：応用物理, **31** (1962), 730; *ibid.*, **32** (1963), 180, 東大生産技術研究所報告, Vol. 17, No. 2.
9) P. Croce: *Rev. Opt.*, **35** (1956), 569, 642.
10) E. L. O'Neil: *IRE Trans.*, **IT-2** (1956), 56.
11) A. Vander Lugt: *IEEE Trans*, **IT-10** (1964), 139.
12) S. Goldman: *Frequency Analysis, Modulation and Noise* (McGraw Hill, 1948) 邦訳あり.
13) H. H. M. Chan: *J. Opt. Soc. Am.*, **60** (1970), 255.

14) P. S. Theocaris: *Moiré Fringes in Strain Analysis* (Pergamon Press, 1969) ; H. Takasaki: *Appl. Opt.*, **9** (1970), 1457 ; 鈴木正根ほか：モアレトポグラフィ計測法，繊維機械学会誌，**28** (1975), 37.
15) A. Blanc-Lapierrer *et al.*: *Comp. Rend*, **236** (1953), 1540.
16) W. Lukosz and M. Marchand: *Optica. Acta*, **10** (1963), 241.
17) B. Morgenstein and D. P. Paris: *J. Opt. Soc. Am.*, **54** (1964), 1282.
18) M. A. Grimm and A. W. Lohmann: *ibid.*, **56** (1966), 1151.
19) 久保田敏弘，小瀬輝次：応用物理，**38** (1969), 890.
20) 小瀬輝次：同上，**37** (1968), 853.
21) J. D. Armitage and A. W. Lohmann: *Appl. Opt.*, **3** (1956), 399.
22) K. Biederman: *J. Opt. Soc. Am.*, **61** (1971), 1439.
23) S. Seely: *Electron-Tube Circuts*, p. 323 (McGraw-Hill, 1950).
24) D. Gabor: *Nature*, **161** (1948), 777.
25) A. W. Lohmann: *Optica Acta*, **3** (1956), 97.
26) E. N. Leith and J. Upatnieks: *J. Opt. Soc. Am.*, **52** (1962), 1123.

6
レンズ系の OTF の計算

 前章までは OTF の概念とその応用を解説したが,以下の章では問題をレンズ系の OTF に絞り,その計算,測定,それを用いた評価について解説しよう.
 OTF は式 (2.9) に示したように,レンズの点像のフーリエ変換で定義される.これはまた,レンズの瞳関数とは式 (2.37) にみられるように瞳関数の自己相関関数でもある.これらの関係を図示すると図 6.1 のようになる.

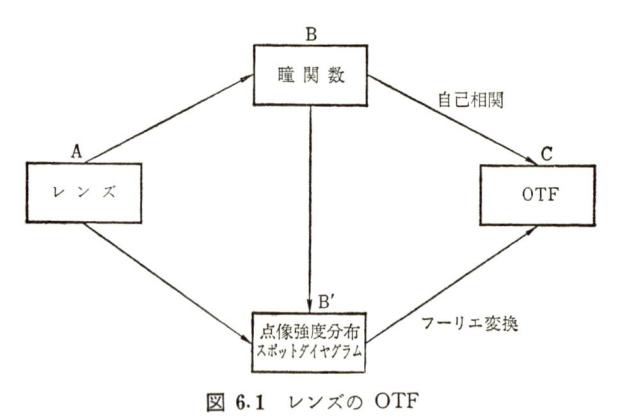

図 6.1 レンズの OTF
レンズデータ,瞳関数,点像強度分布,スポットダイヤグラム,OTF の相互関係.

レンズデータが与えられたとき,光線追跡により瞳関数を求め,その自己相関から OTF を求める方法は図の ABC ルートである.ここでは,これを**自己相関法**とよぶことにする.これは波動光学的 OTF の計算方法として H. H. Hopkins[1] が導いたものである.実際のレンズの場合はスポットダイヤグラムが近似的に幾何光学的点像の強度分布を与えることから,これをフーリエ変換する AB'C ルートがおもに用いられている[2].これは宮本が導いたもので,最も実用的な計算法として多く用いられている.これを,ここでは**スポットダイヤグラム法**とよぶことにする.

一方,大型計算機の発展と高速フーリエ変換のアルゴリズムが開発されてからは瞳関数からフーリエ変換を2度行って OTF を計算する ABB'C ルートも用いられるようになった[3].これを,ここでは**二重変換法**とよぶことにする.二重変換法は計算が迅速であると同時に,波動光学的な二次元 OTF も求められるというのが特色である†.

この高速フーリエ変換法は OTF の計算のみでなく OTF の測定法にも変革をもたらしている.従来測定は主としてアナログフーリエ変換法により AB'C ルートで行われていたが,高速フーリエ変換が最近のようにミニコン程度で可能になってくると B'C の部分をディジタルフーリエ変換におきかえ,アナログフーリエ変換で得られない高空間周波数までの OTF の測定を可能にしている.

6.1 波面収差

光を波動として取り扱うときの波面(等位相面)と幾何光学の光線の束がつくる直交表面とは,波長がゼロの極限の場合,あるいは波面が非常にゆるやかに変化していて,その変化の微係数が小さいときに近似的に等しいとみなすことができる[4].この光線の束がつくる直交表面を幾何光学的波面という.しかし以上の条件のもとでは,これは波動光学的波面と同様に取り扱ってよく,幾

---

† 瞳面のサンプル数が 64×64 程度の場合,任意の方位の OTF の計算にはサンプル点が少なく,計算精度に問題があるという指摘もある(武田光夫ほか:光学,3(1974), 373).

何光学的に瞳関数を決めて第2章で述べたキルヒホッフの回折積分を行い，収差のあるときの回折像の振幅分布を求めることができる．以下，幾何光学的波面を単に波面とよぶことにする．

図6.2のように物体の1点からでる発散球面波 M′ はレンズにより収斂波面 M″ となるが，この波面が図の実線で示す曲率中心が O にある球面 M に一致していれば，波面の法線が光線であるから，すべての光線はOに集まる．これが物体の1点からでた光線はすべて像側の1点に収斂するという幾何光学的な理想の結像である．

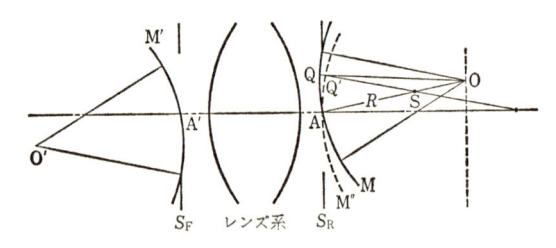

図 6.2 参照球面と波面収差
M：参照球面，M″：レンズ透過光の波面．

この収斂波面 M″ が球面 M（これを参照球面という）からずれている場合 M″ 上の Q′ 点に立てた法線 Q′S に沿って光はすすみ，主光線 $\overline{AO}$ 上でOからずれた点Sでこれと交わることになる．この $\overline{OS}$ は幾何光学的縦収差である．$\overline{Q'S}$ を延長して球面 M と交わる点をQとする．光線収差 $\overline{OS}$ はこの波面のずれ $\overline{QQ'}$ によって生ずるわけであるから，この両者にはある関係があるはずである．以下これを求めてみよう．

長さ $\overline{QQ'}$ は通常真空中の光路差に換算するので，媒質の屈折率 n として

$$W = n\overline{QQ'} \tag{6.1}$$

とおき，この W を**波面収差**という．もちろん，これは瞳座標の関数である．また W の符号は光線収差 $\overline{OS}$ の符号と一致させておくのが便利である．

いま瞳は半径 a の円形で光軸上物点の場合を考える．瞳座標，像面座標は図6.3に示すようにとる．すなわち瞳座標 x, y，像面座標 X, Y，ともに瞳の半径 a で除して $\xi = x/a, \eta = y/a, X_a = X/a, Y_a = Y/a$ としておく．また参照

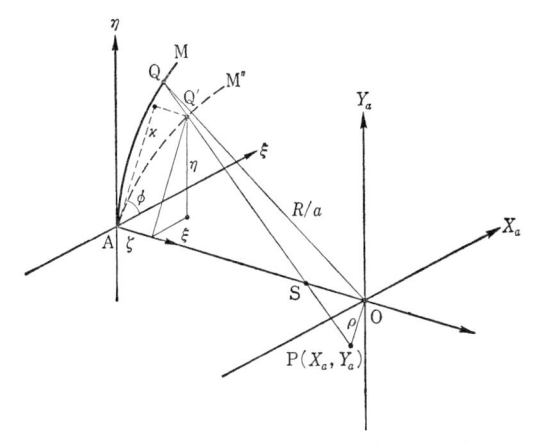

図 6.3 波面収差と光線収差（軸上物点の場合）
$\overline{QQ'}$：波面収差，$\overline{OS}$：縦の球面収差，$\overline{OP}$：横の球面収差．

球面の半径 R，波面収差 W も a で除しておく．すると参照球面は

$$\xi^2+\eta^2+(\zeta-R/a)^2=(R/a)^2 \tag{6.2}$$

$W>0$ として収差のある波面 $M''(\xi,\eta,\zeta)$ は，参照球面から W/a だけずれた波面と考えて

$$M''(\xi,\eta,\zeta)=n\{\sqrt{\xi^2+\eta^2+(\zeta-R/a)^2}\}+W/a \tag{6.3}$$

と近似的に表わせる．

この波面 M'' 上の1点 Q における波面の方向余弦，α,β,γ は

$$\alpha=-\frac{1}{n}\frac{\partial M''}{\partial \xi}, \quad \beta=-\frac{1}{n}\frac{\partial M''}{\partial \eta}, \quad \gamma=-\frac{1}{n}\frac{\partial M''}{\partial \zeta}$$

したがって

$$\left.\begin{aligned}\alpha&=-\left(\frac{a}{R}\xi+\frac{1}{na}\frac{\partial W}{\partial \xi}\right)\\ \beta&=-\left(\frac{a}{R}\eta+\frac{1}{na}\frac{\partial W}{\partial \eta}\right)\\ \gamma&=-\left(\frac{a}{R}\zeta\right)\end{aligned}\right\} \tag{6.4}$$

一方，この方向余弦をもつ光線が像面と交わる点の座標を X_a, Y_a とすると，瞳と像面の間隔は R/a であるから

$$X_a = \xi + \alpha \frac{R}{a}, \quad Y_a = \eta + \beta \frac{R}{a} \tag{6.5}$$

したがって

$$X_a = -\frac{R}{na^2}\frac{\partial W}{\partial \xi}, \quad Y_a = -\frac{R}{na^2}\frac{\partial W}{\partial \eta} \tag{6.6}$$

となる.

式 (6.6) を (x, y), (X, Y) の値で表わすと

$$X = -\frac{R}{n}\frac{\partial W}{\partial x}, \quad Y = -\frac{R}{n}\frac{\partial W}{\partial y} \tag{6.7}$$

となる.

これは瞳面上の1点 (x, y) における波面収差 W と, この点を通る光線が像面と交わる点の座標 X, Y との関係式である. R を焦点距離に選べばこの X, Y はガウス像面の横収差を示す. これから横収差を瞳面座標で積分すると, 波面収差が得られることもわかる.

レンズ系が光軸に対して中心対称であれば, 波面収差は座標の回転不変量の偶数次の項で展開できる.

図6.3の座標系の場合,

$$\kappa^2 = \xi^2 + \eta^2$$
$$\rho^2 = X_a{}^2 + Y_a{}^2$$
$$\sigma^2 = X_a\xi + Y_a\eta = \rho\kappa \cos(\phi - \omega)$$

とおくと

$$W = \sum w_{l,m,n} \rho^{2l} \kappa^{2m} \sigma^{2n} \tag{6.8}$$

と書ける. ここに

$$2(l+m+n) = N+1, \quad N = 1, 3, 5, \cdots$$

この N を決めたときの収差を N 次の収差という.

上式の各項はまた

$$W \sim {}_{2l+m}w_{2n+m,m}\, \rho^{2l+m}\, \kappa^{2n+m} \cos^m(\phi - \omega) \tag{6.9}$$

と書くこともできる.

この波面収差はレンズデータから光線追跡計算によって計算される. それに

は瞳を碁盤目に分割し,目の座標 (x,y) に対する $W(x,y)$ を求める.この際,目の数をふやして値そのものを用いたり,内挿法によるカーブフィット法などがとられている.通常七次収差の近似でカーブフィットすることが多い.

6.2 自己相関法による OTF の計算

瞳関数 $f(x,y)$ が与えられたときの OTF はすでに第 2 章の式 (2.38) で計算できることを示した.すなわち

$$OTF(r,s) = \frac{1}{A} \iint_G f\left(x - \frac{\bar{r}}{2},\ y - \frac{\bar{s}}{2}\right) f^*\left(x + \frac{\bar{r}}{2},\ y + \frac{\bar{s}}{2}\right) dx\,dy$$

$$= \frac{1}{A} \iint_G S_G(x,y,\bar{r},\bar{s}) e^{ikV(x,y,\bar{r},\bar{s})} dx\,dy \qquad (6.10)$$

ここに

$$S_G(x,y,\bar{r},\bar{s}) = S\left(x - \frac{\bar{r}}{2},\ y - \frac{\bar{s}}{2}\right) S\left(x + \frac{\bar{r}}{2},\ y + \frac{\bar{s}}{2}\right)$$

$$V(x,y,\bar{r},\bar{s}) = W\left(x - \frac{\bar{r}}{2},\ y - \frac{\bar{s}}{2}\right) - W\left(x + \frac{\bar{r}}{2},\ y + \frac{\bar{s}}{2}\right)$$

$$A = \iint_{-\infty}^{+\infty} |S(x,y)|^2 dx\,dy$$

$S(x,y) = 1$ のとき,すなわち瞳に吸収がないとき,積分範囲 G 内では $S_G(x,y,\bar{r},\bar{s}) = 1$ であるから

$$OTF(r,s) = \frac{1}{A} \iint_G \exp\left[ikV(x,y,\bar{r},\bar{s})\right] dx\,dy \qquad (6.11)$$

である.

以上は波動光学的に OTF を求める基本式で瞳の**自己相関法**とよばれる.この積分は $V(x,y,\bar{r},\bar{s})$ が簡単な関数の場合には解析的に解くことができるが,一般のレンズ収差の場合は数値計算によるしかない.したがって初期には種々の工夫がなされたが[†],高速フーリエ変換のアルゴリズムができてからは,もっぱら後で述べる二重変換法で行われるようになってしまっている.

[†] 久保田 広 監修:写真レンズとレスポンス関数,光学工業技術研究組合,Circular 1 (1961).

ここでは解析的に解ける簡単な収差の例として,焦点はずれの収差の場合を示そう.

焦点はずれの収差は式 (6.9) で $N=1$, $l=m=0$, $n=1$ の場合で
$$W = {}_0w_{20}\kappa^2 = {}_0w_{20}(\xi^2+\eta^2)$$
$\xi=x/a$, $\eta=y/a$ であったから,${}_0w_{20}/a^2=w_{20}$ とおいて
$$W = w_{20}(x^2+y^2) \tag{6.12}$$
となる.

上式を式 (6.10) の $V(x,y,\bar{r},\bar{s})$ に代入すると
$$V(x,y,\bar{r},\bar{s}) = 2\,w_{20}(\bar{r}x+\bar{s}y)$$
したがって,式 (6.11) は
$$OTF(r,s) = \frac{1}{A}\iint_G \exp[i\,2\,k\,w_{20}(\bar{r}x+\bar{s}y)]\,dx\,dy \tag{6.13}$$
となる.

瞳関数はいまの場合中心対称であるから,自己相関は横ずらしの方向にはよらない.そこで $\bar{s}=0$ として $\bar{r}$ 方向のみを考えてよい.すなわち
$$OTF(r) = \frac{1}{A}\iint_G \exp[ibx]\,dx\,dy \tag{6.14}$$
ただし $b=2\,kw_{20}\bar{r}$ である.

この積分は H. H. Hopkins[1] によって解かれている.積分範囲 G は図 6.4 の斜線部であり

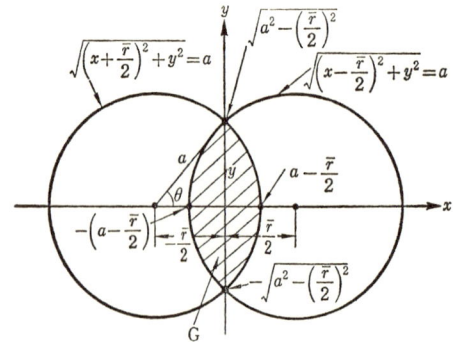

図 6.4 円形開口の瞳の自己相関

6.2 自己相関法による OTF の計算

$$\left(x+\frac{\bar{r}}{2}\right)^2+y^2=a^2$$

$$\left(x-\frac{\bar{r}}{2}\right)^2+y^2=a^2$$

で与えられる二つの円の重なる部分であるから，面積 G の上限，下限は

$$-\left(\sqrt{a^2-y^2}-\left|\frac{\bar{r}}{2}\right|\right)<x<\left(\sqrt{a^2-y^2}-\left|\frac{\bar{r}}{2}\right|\right)$$

$$-\sqrt{a^2-\left(\frac{\bar{r}}{2}\right)^2}<y<\sqrt{a^2-\left(\frac{\bar{r}}{2}\right)^2}$$

である．

したがって，式 (6.14) は

$$OTF(r)=\frac{1}{A}\int_{-\sqrt{a^2-(\bar{r}/2)^2}}^{\sqrt{a^2-(\bar{r}/2)^2}}dy\int_{-\sqrt{a^2-y^2}+|\bar{r}/2|}^{\sqrt{a^2-y^2}-|\bar{r}/2|}\exp[ibx]\,dx$$

$$=\frac{4}{Ab}\int_0^{\sqrt{a^2-(\bar{r}/2)^2}}\sin\left[b\sqrt{a^2-y^2}-\frac{b|\bar{r}|}{2}\right]dy$$

ここで $y=a\sin\phi$ と変数変換すると

$$OTF(r)=\frac{4\,a}{Ab}\int_0^{\theta}\sin[ab\cos\phi-\psi]\cos\phi\,d\phi$$

$$=\frac{4\,a}{Ab}\Big[\cos\psi\int_0^{\theta}\sin[ab\cos\phi]\cos\phi\,d\phi$$

$$-\sin\psi\int_0^{\theta}\cos[ab\cos\phi]\cos\phi\,d\phi\Big]$$

$$=\frac{4\,a}{Ab}[D_1\cos\psi-D_2\sin\psi] \tag{6.15}$$

ここに

$$\psi=\frac{b|\bar{r}|}{2} \tag{6.16-a}$$

また $a\sin\theta=\sqrt{a^2-\left(\frac{\bar{r}}{2}\right)^2}$ より

$$\theta=\cos^{-1}\frac{\bar{r}}{2\,a} \tag{6.16-b}$$

上式の D_1, D_2 はベッセル関数の公式

$$\sin[ab\cos\phi] = 2\{J_1(ab)\cos\phi - J_3(ab)\cos 3\phi + J_5(ab)\cos 5\phi - \cdots\cdots\}$$

$$\cos[ab\cos\phi] = J_0(ab) - 2\{J_2(ab)\cos 2\phi - J_4(ab)\cos 4\phi$$
$$+ J_6(ab)\cos 6\phi - \cdots\cdots\}$$

および積分公式

$$\int_0^\theta \cos mx \cos x\, dx = \frac{\sin[(m-1)\theta]}{2(m-1)} + \frac{\sin[(m+1)\theta]}{2(m+1)} \quad (m \neq \pm 1)$$

を用いて,以下のように解ける.

$$D_1 = \int_0^\theta \sin[ab\cos\phi]\cos\phi\, d\phi$$

$$= 2\left[J_1(ab)\left\{\frac{\theta}{2} + \frac{\sin 2\theta}{4}\right\} - J_3(ab)\left\{\frac{\sin 2\theta}{4} + \frac{\sin 4\theta}{8}\right\}\right.$$
$$\left. + J_5(ab)\left\{\frac{\sin 4\theta}{8} + \frac{\sin 6\theta}{12}\right\} - \cdots\cdots\right] \tag{6.17}$$

$$D_2 = \int_0^\theta \cos[ab\cos\phi]\cos\phi\, d\phi$$

$$= J_0(ab)\sin\theta - 2\left[J_2(ab)\left\{\frac{\sin\theta}{2} + \frac{\sin 3\theta}{6}\right\}\right.$$
$$\left. - J_4(ab)\left\{\frac{\sin 3\theta}{6} + \frac{\sin 5\theta}{10}\right\} + J_6(ab)\left\{\frac{\sin 5\theta}{10} + \frac{\sin 7\theta}{14}\right\}\cdots\cdots\right]$$
$$\tag{6.18}$$

ここで焦点はずれの収差のない場合を考える.すなわち $w_{20}=0$,これは $b\to 0$ の極限を考えればよい.式 (6.15) の第 1 項

$$\mathrm{I} = \lim_{b\to 0}\frac{4}{A}\frac{a}{b}D_1\cos\psi = \frac{4a}{A}\lim_{b\to 0}\frac{1}{b}\int_0^\theta \sin[ab\cos\phi]\cos\phi\, d\phi$$

$$= \frac{4a^2}{A}\lim_{b\to 0}\int_0^\theta \frac{\sin[ab\cos\phi]}{ab\cos\phi}\cos^2\phi\, d\phi$$

$$= \frac{4a^2}{A}\int_0^\theta \cos^2\phi\, d\phi = \frac{4a^2}{A}\left\{\frac{\theta}{2} + \frac{\sin 2\theta}{4}\right\}$$

また第 2 項

$$\mathrm{II} = \lim_{b\to 0}\frac{4}{A}\frac{a}{b}D_2\sin\psi = \frac{4a}{A}\lim_{b\to 0}\frac{\sin\psi}{b}\int_0^\theta \cos[ab\cos\phi]\cos\phi\, d\phi$$

6.2 自己相関法による OTF の計算

ここで

$$\lim_{b \to 0} \frac{\sin \phi}{b} = \frac{|\bar{r}|}{2} = a \cos \theta$$

であるから

$$\mathrm{II} = \frac{4 a^2}{A} \cos \theta \int_0^\theta \cos \phi \, d\phi = \frac{4 a^2}{A} \frac{\sin 2\theta}{2}$$

したがって

$$\mathrm{I} - \mathrm{II} = \frac{4 a^2}{A} \left\{ \frac{\theta}{2} + \frac{\sin 2\theta}{4} - \frac{\sin 2\theta}{2} \right\} = \frac{4 a^2}{A} \left\{ \frac{\theta}{2} - \frac{\sin 2\theta}{4} \right\}$$

A は瞳の全面積で $A = \pi a^2$ であるから

$$OTF(r) = \frac{1}{\pi} \{ 2\theta - \sin 2\theta \}$$

となる.

これは瞳が円形の無収差レンズの OTF で，すでに第 2 章の式 (2.42) で導いた式である.

また極めて低い周波数を考えると $\bar{r} \doteqdot 0$ であるから $\phi = b|\bar{r}|/2 = 0$ となり，式 (6.15) の第 2 項は消えて

$$OTF(\bar{r}) = \frac{4 a D_1}{A b}$$

また $\cos \theta = \bar{r}/2a$ は 0 に近いから θ はほぼ $\pi/2$ である. したがって，D_1 は第 1 項のみとなり

$$D_1 = \frac{\pi}{2} J_1(ab)$$

A は瞳の面積で πa^2 であるから

$$OTF(r) = \frac{2 J_1(ab)}{ab} \tag{6.19}$$

これは，後で示す錯乱円を輝度一様な円板と考える幾何光学的 OTF と一致する.

図 6.5 は H. H. Hopkins[1] が計算した焦点はずれ収差のあるときの OTF の一例である. ここでは $a=1$ とし，$w_{20} = n\lambda/\pi$ とおき $n=14, 22, 40, 60$

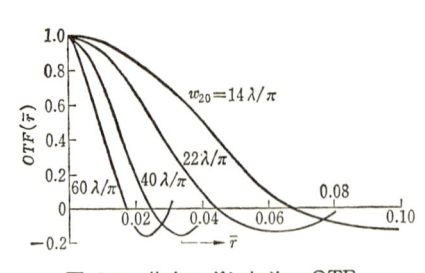

図 6.5 焦点はずれ収差の OTF
(H. H. Hopkins[1])
w_{20}：波面収差係数，$\bar{r}$：瞳座標換算の空間周波数．

としたときを示している．

この焦点はずれの収差のように展開で解ける例は非点収差[5]があるが，他の収差は解かれていない．近似展開は計算を容易にすることはもちろんであるが，それよりも解析的な見通しが得られる点ですぐれている．

実際の計算となってしまえば，直接数値計算するほうがいまでは，はるかに容易である．たとえば，Leo Levi[6] は式 (6.14) の積分をサンプル点 1600 にして，シンプソンの積分公式を用い，IBM 7094 で計算し，詳細な数値表をつくっている．

近似展開の方法としては $V(x, y, \bar{r}, \bar{s})$ が小さい場合，テーラー展開することも試みられており，また逆に大きい場合は漸近展開で解くことも試みられている[7]．

6.3 幾何光学的 OTF の計算

A. 焦点はずれ収差の幾何光学的 OTF

まず波動光学的 OTF と幾何光学的 OTF の関係を明らかにしておこう．

一例として，前節で述べた自己相関法で求めた焦点はずれの収差の場合を考

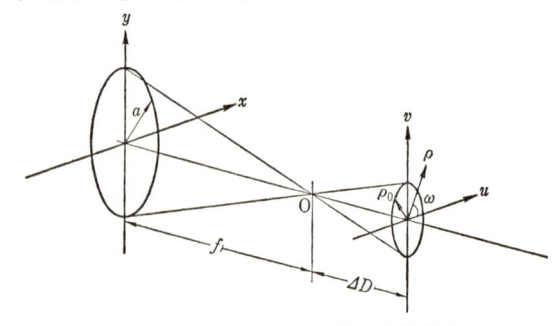

図 6.6 焦点はずれの幾何光学的錯乱円

6.3 幾何光学的 OTF の計算

えてみる. 図 6.6 に示すように, ガウス焦点 O から $\varDelta D$ だけずれた面上では幾何光学的錯乱円は半径 ρ_0 の円板と考えることができる.

式 (2.9) の $PSF(u,v)$ の二次元フーリエ変換は

$$u=\rho\cos\omega, \quad v=\rho\sin\omega$$
$$r=\tau\cos\phi, \quad s=\tau\sin\phi$$

とおいて, 極座標で表わすと

$$R(r,s)=\iint_{-\infty}^{+\infty}PSF(\rho,\omega)e^{i2\pi\tau\rho\cos(\omega-\phi)}\rho\,d\rho\,d\omega \tag{6.20}$$

$PSF(\rho,\omega)$ が輝度一様な円板状のときはその半径を ρ_0 として

$$\left.\begin{array}{l}PSF(\rho)=1 : 0<\rho\leq\rho_0 \\ PSF(\rho)=0 : \rho>\rho_0\end{array}\right\}$$

と書けるから, 式 (6.20) をまず ω についての積分を行うと, 積分公式

$$\int_0^{2\pi}e^{ia\cos\omega}d\omega=2\pi J_0(a)$$

より

$$R(r,s)=2\pi\int_0^{\rho_0}J_0(2\pi\rho\tau)\rho\,d\rho \tag{6.21}$$

ここで $2\pi\rho\tau=z$ とおくと

$$R(r,s)=\frac{1}{2\pi\tau^2}\int_0^{2\pi\tau\rho_0}zJ_0(z)\,dz \tag{6.22}$$

ところで, ベッセル関数の公式

$$\frac{d}{dz}[zJ_1(z)]=zJ_0(z)$$

から不定積分

$$\int zJ_0(z)\,dz=zJ_1(z)$$

が導かれるので, 式 (6.22) は

$$R(r,s)=\frac{\rho_0 J_1(2\pi\tau\rho_0)}{\tau^2}=\pi\rho_0^2\left(\frac{2J_1(2\pi\rho_0\tau)}{2\pi\rho_0\tau}\right) \tag{6.23}$$

となる.

焦点はずれ収差の場合, 波面収差係数 w_{20} と錯乱円半径 ρ_0 の関係をみる

と，錯乱円半径は横収差であるから，式（6.7）より R を f とおき，また媒質は空気（$n=1$）として

$$\rho = f\sqrt{\left(\frac{\partial W}{\partial x}\right)^2 + \left(\frac{\partial W}{\partial y}\right)^2}$$

焦点はずれの収差 W は式（6.12）より

$$W = w_{20}(x^2 + y^2)$$

で与えられる．したがって

$$\rho = 2fw_{20}\sqrt{x^2 + y^2}$$

瞳の縁を通る光線，すなわち marginal ray に対しては $\sqrt{x^2+y^2} = a$ とおいて

$$\rho_0 = 2fw_{20} \cdot a \tag{6.24}$$

また図 6.6 からわかるように，縦収差 $\varDelta D$ と w_{20} の関係は

$$\frac{a}{f} = \frac{\rho_0}{\varDelta D}$$

より

$$\varDelta D = \frac{f}{a}\rho_0 = \frac{f}{a} 2fw_{20}a = 2f^2 w_{20} \tag{6.25}$$

レンズのFナンバーを $F = f/2a$ とし，また式（6.12）の $w_{20} = {}_0w_{20}/a^2$ と瞳半径を1と正規化した（ξ, η）の座標系（fractional coordinate）での収差係数 ${}_0w_{20}$ を用いると

　　式（6.24）は

$$\rho_0 = 4\, {}_0w_{20}\, F \tag{6.26}$$

　　式（6.25）は

$$\varDelta D = 8\, {}_0w_{20}\, F^2 \tag{6.27}$$

と書け，波面収差係数と錯乱円半径，あるいは縦収差との関係はFナンバーのみに依存する．この意味では fractional coordinate で考えるほうが座標系を実寸法で考えるより一般的にレンズの性能を取り扱えることになる．

さて以上の関係式から，式（6.23），すなわち幾何光学的に求めた OTF に用いられている $2\pi\rho_0\tau$ という量を波面収差係数 w_{20} を用いて書き直すと，τ は x 方向の周波数 r と考えてよく，

6.3 幾何光学的 OTF の計算

$$2\pi\rho_0\tau = 2\pi(2fw_{20}a)r = \frac{4\pi fw_{20}ar(\lambda f)}{(\lambda f)} = 2kw_{20}a\bar{r} \tag{6.28}$$

式 (6.14) で $2kw_{20}\bar{r}=b$ とおいたので

$$2\pi\rho_0\tau = ab \tag{6.29}$$

である．したがって，式 (6.23) は

$$R(r) = \pi\rho_0{}^2\left(\frac{2J_1(ab)}{ab}\right)$$

$\pi\rho_0{}^2$ は錯乱円の全光量であり，1 と正規化される．したがって

$$OTF(r) = \frac{2J_1(ab)}{ab} \tag{6.30}$$

これは式 (6.19) で示した波動光学的に求めた低周波領域での OTF である．

以上のことから H. H. Hopkins は焦点はずれの収差について波動光学的 OTF と幾何光学的 OTF の比較を行っている．図 6.7 は瞳の半径 $a=1$ とし，収差量を横座標にとり特定周波数の OTF 値の変化を示したもので，実線は波動光学的 OTF，破線は幾何光学的 OTF である．収差が大きくなると両者はほぼ一致することがわかる．

一般に収差が大きくなると OTF の高周波の利得はほとんどなくなるので，低周波のみを考えることになるから，幾何光学的 OTF で近似的に考えてもさしつかえないことになる．上記のような H. H. Hopkins の実証的な比較でなく，理論的に両者の関係を議論しスポットダイヤグラムから幾何光学的 OTF を計算するという最もレンズ設計で重要な計算方式を導いたのは宮本[2] である．

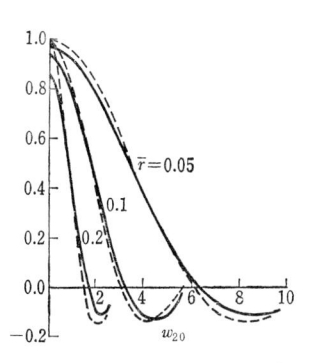

図 6.7 焦点はずれ収差量を変えたときの波動光学的 OTF と幾何光学的 OTF の比較 (H. H. Hopkins[1])
破線：幾何光学的 OTF（錯乱円のフーリエ変換）．
実線：波動光学的 OTF（瞳関数の自己相関）．

B. 幾何光学強度とスポットダイヤグラム

波動光学では光の強さ (intensity) という用語が用いられる．これは単位時

間に単位面積を通過する光エネルギー(光の振動の1周期間の時間平均値,以下単に時間平均値という)と定義されている.

単位時間の光エネルギー(時間平均値)の変化は面から流れでる flux である.したがって,光の強さと単位面積あたりの flux(これを flux 密度という)ということになる.一方,flux 密度は Poynting vector で表わせる.したがって光の強さは Poynting vector の絶対値で与えられる.

電場の複素振幅 E の複素2乗の時間平均値の平方根を $\overline{E}$,単位体積あたりの光エネルギーの1周期間の時間平均値を $\overline{W}$ とすると,MKS 単位で

$$\overline{W} = \varepsilon \overline{E}^2 \tag{6.31}$$

ここに ε は誘電率である.

また,Poynting vector S の1周期間の時間平均値を $\overline{S}$ とすると MKS 単位で

$$|\overline{S}| = \frac{c}{n} \overline{W} \tag{6.32}$$

ここに c は真空中の光速,n は媒質の屈折率,ただし等方性の媒質内という条件がつく.

この式 (6.32) が光の強さということである.

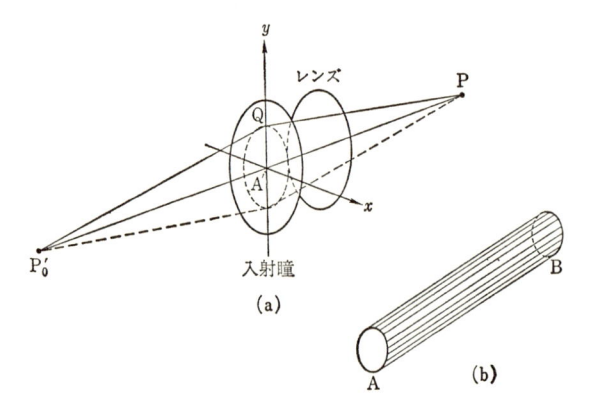

図 6.8 光錐体
(a) レンズの場合, (b) 一般の光線束.

6.3 幾何光学的 OTF の計算

波動光学では Poynting vector は波面の法線方向を向いている．また，波面光学でいう波面（幾何光学的波面）の直交截線が光線である．

波面光学では幾何光学的波面を波動光学的波面と等しいとして取り扱うから，光線と Poynting vector とはいずれも波面の法線方向ということで，方向が一致する．したがって flux 密度と光線は方向が一致し，光エネルギー flux は光線の束に沿ってすすむと考えられる．

図 6.8(a) はレンズの光軸上の 1 点 P_0' からでる 1 本の光線 $P_0'QP$ を光線追跡した図であるが，この近軸光線は P_0' を頂点とし，$\overline{AQ}$ を半径とする円を底面とする円錐（図に破線で示す）の光線の束の代表である．いうまでもなく A は入射瞳の中心である．そして flux は，すべてこの円錐内に限られている．このような円錐を測光学では光錐体といっている．

図 6.8(b) は光線で囲まれた管（光線の束）を示している．図 6.8(a) の円錐と同様に flux はすべてこの管内に限られている．管の一端 A 面を単位時間に通過する光エネルギーは，管の他端 B 面を単位時間内に通過する光エネルギーに等しいはずである．

A 面の面素 $d\sigma_A$，B 面のそれを $d\sigma_B$ とすると flux 密度を Poynting vector S の絶対値 $|\overline{S}|$ を用いて A 面の flux 密度を $|\overline{S}_A|$，B 面のそれを $|\overline{S}_B|$ とすると

$$|\overline{S}_A| d\sigma_A = |\overline{S}_B| d\sigma_B \tag{6.33}$$

となる．

Poynting vector の代わりに光の強さを用い，A 面の光の強さ I_A，B 面のそれを I_B とおくと

$$I_A d\sigma_A = I_B d\sigma_B \tag{6.34}$$

である．

一般に光の強さを計算で求めるには，波面の複素振幅 E を求めなければならない．しかし，図 6.8 の AQ を半径とする円（光円錐の低面）を図 6.9 のように碁盤目に分割し，その升目の一つを図 6.8(b) の管の一端 A 面の $d\sigma_A$ にとる．光がレンズ内を順次屈折しながらすすむとき，この管は太くなったり細く

6. レンズ系の OTF の計算

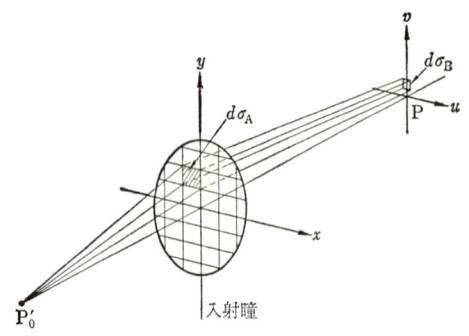

図 6.9 レンズ瞳面における光錐体

なったりするけれども，flux は変わらない．

管が像面を切る面を B 面として，この管の面積を $d\sigma_B$ とすると $d\sigma_B$ を測ることで式 (6.34) から光の強さ I_B を求めることができる．管の形は光線追跡で求めればよく，瞳面を碁盤目に分割するときはその中の一つの升目の 4 隅を通る 4 本の光線が囲む角柱をこの管と考え，この 4 本の光線が像面と交わる点（これをスポットという）の囲む面積を $d\sigma_B$ と考える．碁盤のすべての目に光線を通し像面におけるスポットとこの分布を見ると，密な部分は強度 I_B が大きく，疎な部分は I_B が小さいことになる．このスポットの分布をスポットダイヤグラムという．

さきの焦点はずれの収差のとき錯乱円を円板と考えるのは，瞳全体を $d\sigma_A$ にとった場合で，スポットダイヤグラムでいうと最少のスポットで近似した像の強度分布であるということである．スポットの数を増すと強度分布のディテールがわかってくる．図 6.10[7] は約 1,000 点のスポットを用いて焦点はずれの点像を示したものである．このスポットの分布から強度がわかる．図では中心部に強い光の集中があることを示している．

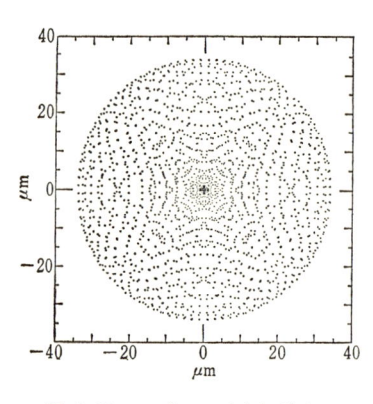

図 6.10 スポットダイヤグラム

C. スポットダイヤグラムによる OTF の計算

スポットダイヤグラムから求まる強度 I_B を幾何光学的強度という．そしてこの I_B をフーリエ変換したものを幾何光学的 OTF という．これを $OTF_G(r,s)$ で表わす．

いま瞳の面積を A とし，その単位面積あたりの強度を1とすると，レンズを通過する全光量は A であるから，OTF_G は

$$OTF_G(r,s) = \frac{1}{A}\iint_{-\infty}^{+\infty} I_B \exp[-i2\pi(ru+sv)]\,du\,dv \quad (6.35)$$

で与えられる．

一方 $I_B = d\sigma_A/d\sigma_B$，また $d\sigma_A = dx\,dy$，$d\sigma_B = du\,dv$ を上式に代入すると

$$OTF_G(r,s) = \frac{1}{A}\iint_S \exp[-i2\pi(ru+sv)]\,dx\,dy \quad (6.36)$$

これは瞳面についての積分である．S は瞳の形状．

いま瞳を N 個の等面積の碁盤目に分割し，j 番めの点を通る光線の像面座標を u_j，v_j とし，上式の積分を和の形に近似してしまうと，$A = N\,dx\,dy$ とおいて

$$OTF_G(r,s) = \frac{1}{N}\sum_1^N \exp[-i2\pi(ru_j+sv_j)] \quad (6.37)$$

となる．これがスポットダイヤグラムから OTF_G を求める基本式である．

この積分の精度はスポット数を増すと向上するが，瞳全面で約 1,000 点ぐらいの光線を通してスポットダイヤグラムをつくれば，Fナンバー 3.5 程度のレンズで空間周波数 100 lines/mm 以下では十分の精度が得られる[8]．しかし，Fナンバー 2.8 以下の明るいレンズでしかも空間周波数 200 lines/mm 程度必要となると，このスポットで求める方式は誤差が多く，収差量にもよるが適用には十分注意が必要となる．

スポットダイヤグラムは skew ray 追跡で求めるので，現在の計算機でも経済的には高くつく．それで，スポット数を節約する試みもなされている．たとえば瞳座標 (x,y) と像面座標 (u,v) とを多項式で結び，その係数を決めるの

に必要なだけのスポット数にするといった試みもある[9]．また Herzberger の内挿法を OTF 計算に応用する試みもある[10]．

D．幾何光学的 OTF と波動光学的 OTF の比較

式 (6.34) は幾何光学的強度の基本式であるが，この $d\sigma_A$, $d\sigma_B$ は理論的にはヤコビーの関数行列で与えられる．すなわち

$$I_B = I_A \frac{d\sigma_A}{d\sigma_B} = I_A \left| \frac{\partial(u,v)}{\partial(x,y)} \right|^{-1}$$

ここで式 (6.17) の瞳関数と像面座標の関係を用いると，いまの場合

$$u = -f\frac{\partial W}{\partial x}, \quad v = -f\frac{\partial W}{\partial y} \tag{6.38}$$

となるから，ヤコビーの関数行列は

$$\frac{\partial(u,v)}{\partial(x,y)} = f^2 \left\{ \frac{\partial^2 W}{\partial x^2} \cdot \frac{\partial^2 W}{\partial y^2} - \left(\frac{\partial^2 W}{\partial x \partial y} \right)^2 \right\}$$

となり，波面収差 W を与えると**幾何光学的の強度分布を計算**できる[5]．図 6.11 (a) はこれを用いて宮本が計算した点像の例である．

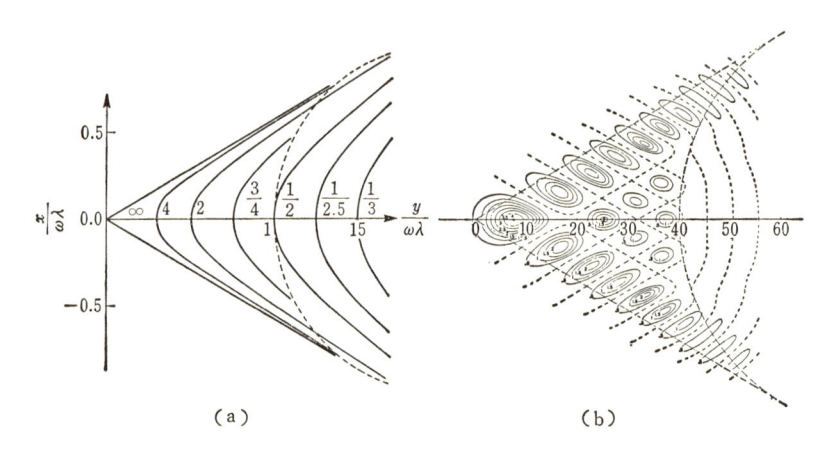

図 **6.11** 幾何光学的点像の強度分布
（a）コマ収差，円形開口（宮本健郎[11]），（b）6.4λ の三次コマの波動光学的計算
(R. Kingslake: *Proc. Phys. Soc.*, **61** (1948), 147).

$d\sigma_A = dx\,dy$, $d\sigma_B = du\,dv$ とおき，式 (6.38) を (6.36) に代入すると

$$OTF_G(r,s) = \frac{1}{A} \iint_S \exp\left[i\,2\pi f\left(r\frac{\partial W}{\partial x} + s\frac{\partial W}{\partial y}\right)\right] dx\,dy \qquad (6.39)$$

である．

一方，波動光学的 OTF は式 (6.11) で計算されるが，瞳の横ずらし量 $\bar{r}/2$, $\bar{s}/2$ は低空間周波数を仮定すると微少量であるから，テーラー展開によって

$$W\left(x+\frac{\bar{r}}{2}, y+\frac{\bar{s}}{2}\right) = W(x,y) + \frac{1}{2}\left\{\bar{r}\left(\frac{\partial W}{\partial x}\right) + \bar{s}\left(\frac{\partial W}{\partial y}\right)\right\} + \cdots$$

$$W\left(x-\frac{\bar{r}}{2}, y-\frac{\bar{s}}{2}\right) = W(x,y) - \frac{1}{2}\left\{\bar{r}\left(\frac{\partial W}{\partial x}\right) + \bar{s}\left(\frac{\partial W}{\partial y}\right)\right\} + \cdots$$

とすると，近似的に

$$V(x,y,\bar{r},\bar{s}) = \bar{r}\left(\frac{\partial W}{\partial x}\right) + \bar{s}\left(\frac{\partial W}{\partial y}\right)$$

したがって，波動光学的 OTF は

$$OTF(r,s) = \frac{1}{A} \iint_G \exp\left[ik\left\{\bar{r}\left(\frac{\partial W}{\partial x}\right) + \bar{s}\left(\frac{\partial W}{\partial y}\right)\right\}\right] dx\,dy$$

ここで，$\bar{r} = \lambda f r$, $\bar{s} = \lambda f s$ であることを考えると

$$OTF(r,s) = \frac{1}{A} \iint_G \exp\left[i\,2\pi f\left\{r\left(\frac{\partial W}{\partial x}\right) + s\left(\frac{\partial W}{\partial y}\right)\right\}\right] dx\,dy \qquad (6.40)$$

となり，低空間周波数では幾何光学的 OTF と波動光学的 OTF はほぼ一致することが証明される．

ここで大切なことは，式 (6.39) と (6.40) とでは積分範囲が違うことである．すなわち幾何光学的 OTF の場合は瞳面全体にわたって積分するが，波動光学的 OTF の場合は瞳を周波数に応じて横ずらしさせたときの瞳の重なり合う面積についてである．いうまでもなく S≧G であるから，波動光学的 OTF はやや低めになる．図6.7で $w_{20}=0$ のとき，波動光学的 OTF（実線）が幾何光学的 OTF（破線）より下がっているのはこのためである．

6.4 二重変換法による OTF の計算

A．高速フーリエ変換法による OTF の計算

周期 L の周期関数 $g(\alpha)$ のフーリエ展開は，式 (1.10) で示したように

$$g(\alpha) = \sum_n C_n \exp\left[\frac{i\,2\pi n\alpha}{L}\right] \tag{6.41}$$

で表わされる．ここにフーリエ係数 C_n は

$$C_n = \frac{1}{L}\int_{-L/2}^{L/2} g(\alpha) \exp\left[\frac{-i\,2\pi n\alpha}{L}\right]d\alpha \tag{6.42}$$

である．

このフーリエ係数 C_n を周期 L を N 分割して和の形で求める．すなわち $L/N = \varDelta\alpha$ とおき $\alpha = m\varDelta\alpha$ $(m=0, 1, 2, \cdots, N-1)$ として

$$C_n = \frac{1}{N}\sum_{n=0}^{n-1} g(m\varDelta\alpha) \exp\left[\frac{-2\pi i n m}{N}\right] \tag{6.43}$$

とすると，これは式 (6.41) と数学的には全く同一形式である．すなわち，正変換も逆変換も同じ形式である．したがって，一般的に

$$A_r = \sum_{k=0}^{n-1} X_k \exp\left[\frac{-2\pi i n k}{N}\right] \tag{6.44}$$

$$n = 0, 1, 2, \cdots, N-1$$

の形の計算のみを考えればよく，これを**離散的フーリエ変換**（discrete Fourier transform）という．

式 (6.44) の計算は k を N 項までとるとすると，n もまた N までとるから $N \times N = N^2$ 回の演算を行う必要がある．これを $N\log_2 N$ 回の演算ですむアルゴリズムを開発したのが Cooley, Tukey である．ここでは具体的計算法は他の解説書[†]にゆずり，N^2 と $N\log_2 N$ の差がどれくらいかということのみを示しておこう．たとえば $N=2^{12}$ とすると $N^2=16,777,126$ であるが，$N\log_2 N = 49,152$ となり約 $1/335$ となる．この両者の開きは N の大きいほど顕著である．Forman や Lerman[3] の実験例を表 6.1 に示す．

表 6.1 FFT の演算速度の比較

N	通常の方法 (sec)	FFT (sec)	備考
512	43	1.35	IBM 7044
1024	171	3.0	
2048	684	6.6	
4096	2,734	14.4	
64×64	240	3	IBM 7094
256×256	108,000	60	

[†] たとえば，飯塚啓吾著：光工学，p. 121（共立出版，1977）．

6.4 二重変換法による OTF の計算

このアルゴリズムは **fast Fourier transform** (FFT) とよばれ，ディジタルスペクトル分析に広く利用されている．光学の分野では Forman がフーリエ分光に，Shannon や Lerman が OTF の計算に応用し，現在では OTF の計算に広く用いられている．

OTF の計算に FFT を用いる場合は図 6.1 に示した ABB′C ルートによるもので，まず瞳関数を求め，これに FFT を行って点像の振幅分布を求める．これを 2 乗して強度に直し，いまいちど FFT を行って OTF を求めるわけである．

瞳の半径を a，参照球面の半径を R として式 (2.26)，(2.28) に示した fractional coordinate を用い，瞳座標 $\xi = x/a$, $\eta = y/a$ とし，像面座標 $u_R = au/\lambda R$, $v_R = av/\lambda R$，空間周波数 $r_R = 1/u_R = \lambda R r/a$, $s_R = 1/v_R = \lambda R s/a$ としておく．

瞳関数 $f(\xi, \eta)$ として点像の振幅分布 $ASF(u_R, v_R)$ は式 (2.23) の回折積分より

$$ASF(u_R, v_R) = \iint_{-\infty}^{+\infty} f(\xi, \eta) \exp[-i 2\pi (u_R \xi + v_R \eta)] d\xi\, d\eta \quad (6.45)$$

ただし，簡単のため回折積分の定数係数は 1 としている．

OTF はこれの 2 乗のフーリエ変換で，点像の全光量を 1 と正規化して

$$OTF(r_R, s_R) = \iint_{-\infty}^{+\infty} |ASF(u_R, v_R)|^2 \exp[-i 2\pi (r_R u_R + s_R v_R)] du_R\, dv_R$$
$$(6.46)$$

で与えられる．

そこで瞳関数および点像の強度分布を周期関数とみなして離散的フーリエ変換で表示し，FFT で代行するのが**二重変換法**である．

すなわち図 6.12 のように瞳の 4 倍の領域を用意し，これを $2N \times 2N$ 個の碁盤目に分割する．目の間隔は Δ として

$$\xi_l = l\Delta, \quad \eta_m = m\Delta \quad \text{また，} \quad u_{Rp} = p/2N\Delta, \quad v_{Rq} = q/2N\Delta$$

とおくと，式 (6.45) は

6. レンズ系の OTF の計算

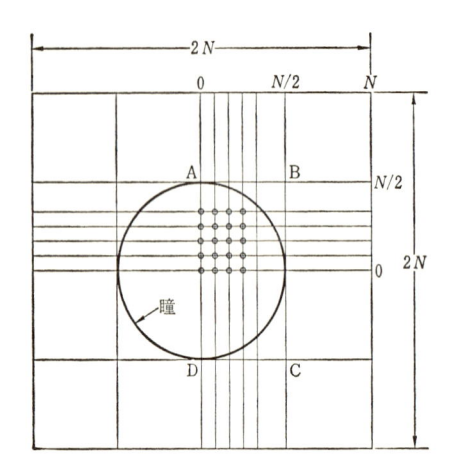

図 6.12 FFT 法のサンプリング領域
黒丸：瞳の中のサンプリング点．

$$ASF(p,q) = \Delta^2 \sum_{l=-(N-1)}^{N} \sum_{m=-(N-1)}^{N} f(l,m) \exp\left[-i\frac{\pi}{N}(pl+qm)\right] \quad (6.47)$$

また

$$r_R = j\Delta, \quad s_R = k\Delta$$

とおくと

$$OTF(j,k) = \frac{1}{(2N\Delta)^2} \sum_{p=-(N-1)}^{N} \sum_{q=-(N-1)}^{N} |ASF(p,q)|^2$$
$$\times \exp\left[-i\frac{\pi}{N}(pj+qk)\right] \quad (6.48)$$

となる．

　式 (6.47), (6.48) はいずれも二次元ではあるが，式 (6.44) と同一形で FFT が用いられる形をしており，FFT を用いて積分が実行できるわけである．

　この FFT を用いる二重変換法は 2 回の FFT を実行しても，なおかつ自己相関法より演算時間が短縮できる．しかも，計算の途中で点像の強度分布を描くこともできる．また，自己相関法では一次元の OTF が求められるのに対し

て，二重変換法では二次元 OTF が求められるという特色をもっている．図 6.13 は Lerman[3] が計算した 2.4λ の三次コマのある場合の二次元 OTF の計算例である．

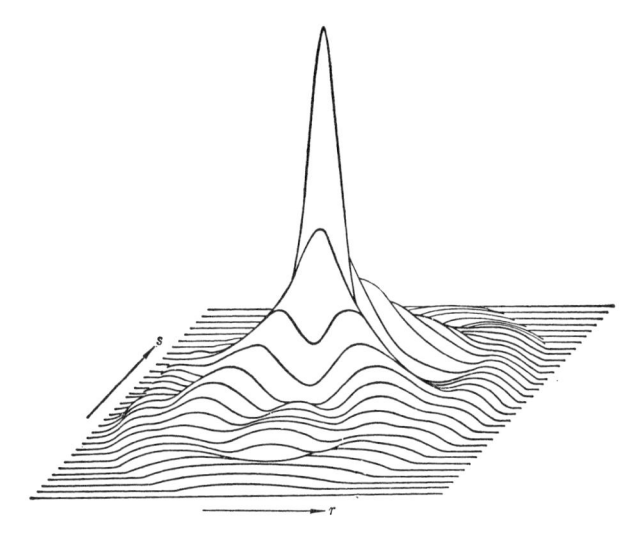

図 6.13　二次元 OTF (S. H. Lerman[3])

B. サンプリングの条件

一次元の場合，一般に FFT は間隔 Δ おきに関数 $g(\alpha)$ をサンプルするから，間隔 Δ の格子と関数 $g(\alpha)$ の積と考えることができる．しかも関数 $g(\alpha)$ は周期 L の周期関数であるから，これは光学の模型で考えると第 5 章のモアレ縞の項で述べた物体構造である．

そこで物体 $O(u)$ を $g(\alpha)$，マスク $M(u)$ を $M(\alpha)$ とおくと

$$g(\alpha)=\sum_l b_l \exp[i\,2\pi l r_0 \alpha]$$

ここに　$r_0=\dfrac{1}{L}$

$$M(\alpha)=\sum_j a_j \exp[i\,2\pi j r_\mathrm{M} \alpha]$$

ここに　$r_\mathrm{M}=\dfrac{1}{\Delta}$

また，いまの場合 $M(\alpha)$ は Comb 関数[†1]であるから $a_j=1/\varDelta$，したがって式 (5.41) からこの変調物体のスペクトルは

$$o'(r)=\frac{1}{\varDelta}\sum_l\sum_j b_l\delta(r-jr_\mathrm{M}-lr_0)$$

で与えられる．

ここで，$L=N\varDelta$ の関係があるから $r_0=r_\mathrm{M}/N$ であり，上式は

$$o'(r)=\frac{1}{\varDelta}\sum_l\sum_j b_l\delta\left(r-\left(j+\frac{l}{N}\right)r_\mathrm{M}\right) \tag{6.49}$$

となる．

図 6.14 は格子の j 次のスペクトルに乗っている物体（関数）$g(\alpha)$ のスペクトルを示している．格子のスペクトルはいうまでもなく $(j-1)$ 次，$(j+1)$ 次があるから，j 次のスペクトルに乗っている物体スペクトルが専有できる幅は $\varDelta W\leqq r_\mathrm{M}$ でなければならない[†2]．さもないと物体スペクトルの高次成分が $(j-1)$ 次，$(j+1)$ 次のスペクトル領域にはいってしまう．これは逆も成り立ち，$(j-1)$ 次，$(j+1)$ 次に乗っている物体の高次スペクトルが j 次の中にはいり込んでくる．これを **aliasing 誤差**という．

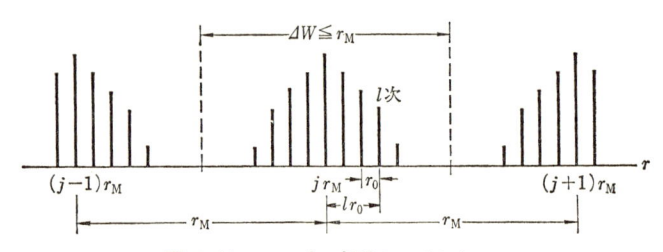

図 6.14 サンプル点列のスペクトル

このことから，j 次の専有できる物体スペクトル幅 $\varDelta W$ は式 (6.49) より

$$\frac{\varDelta W}{2}=\frac{l}{N}r_\mathrm{M} \tag{6.50}$$

[†1] δ 関数が等間隔で無限に並んでいる関数．飯塚啓吾：光工学，p. 18（共立出版，1977）ではシャー関数といっている．
[†2] ファブリペロー干渉では，この幅のことを free spectral range といっている．

6.4 二重変換法による OTF の計算

これから,物体の最高次スペクトルの次数を $l_{\max}$ とすると

$$\frac{l_{\max}}{N}r_{\mathrm{M}} \leq \frac{\Delta W}{2} = \frac{r_{\mathrm{M}}}{2} \tag{6.51-a}$$

$$l_{\max} \leq \frac{N}{2} \tag{6.51-b}$$

の関係が得られる.

これは,分割数の半分が物体スペクトルの得られる最高次数であるということを示している.

また,物体の最高次スペクトルとはしゃ断周波数 r_c に等しいかそれよりもやや小さいから,上式より

$$r_\mathrm{c} \leq \frac{r_\mathrm{M}}{2} = \frac{1}{2\Delta} = \frac{Nr_0}{2}$$

これから

$$\left.\begin{array}{l} \Delta \leq \dfrac{1}{2r_\mathrm{c}} \\[2mm] N \geq \dfrac{2r_\mathrm{c}}{r_0} \end{array}\right\} \tag{6.52}$$

これはしゃ断周波数が決まると最大サンプリングの間隔 Δ が決まる,また最小サンプル点数も決まるということである.§4.2 B で述べたサンプリング定理を用いると,物体のスペクトルが r_c で限られている場合,$1/2r_\mathrm{c} = \Delta$ をサンプル間隔にとればよいから,式 (6.52) はこのサンプリング定理からも導かれるものである.

以上は一般論であるが,光学の場合は点像振幅分布の逆フーリエ変換は瞳関数であるから,瞳関数は空間周波数の関数である.前述した瞳座標と空間周波数が $\xi_l = l\Delta$, $r_\mathrm{R} = j\Delta$ と同じサンプリング間隔で測れたのもこのためである.

式 (6.51-a) で r_M は瞳の大きさとなるから $r_\mathrm{M} = l_{\max}\Delta$, $l_{\max} = N/2$ である.しかし,OTF の場合は瞳の自己相関であるから最高次スペクトルは瞳の大きさの倍である.したがって図 6.12 に示したように,瞳の4倍の領域を用意することになる.

通常計算機の記憶容量の関係から，二次元の場合（図 6.11 参照）$2N \times 2N =$ 64×64，128×128 あるいは，256×256 というようにサンプル点の数が決まってしまう．したがってサンプル点 $2N=64$ のとき $l_{max}=16$，$2N=128$ のとき $l_{max}=32$，$2N=256$ のとき $l_{max}=64$ ということになる．

収差が大きいと極く低周波でしか OTF の利得はない．したがって，サンプル点が少ないと数点の周波数の OTF しか得られないことになる．この不便をうめる内挿法も工夫されている[12]．

OTF の離散的空間周波数の間隔 $\varDelta$ は図 6.15 (a) のように線像の広がり L，これを基本周期 L と考えるから

$$\varDelta = \frac{1}{L}$$

で与えられる．そこで $2N \times 2N$ の FFT によって線像を得た後，OTF を求めるフーリエ変換を行う際に図 6.15(b) のように基本周期を m 倍した後 $2mN$ 点の一次元 FFT を計算すると，$\varDelta$ は $1/mL$ となってこの離散的空間周波数

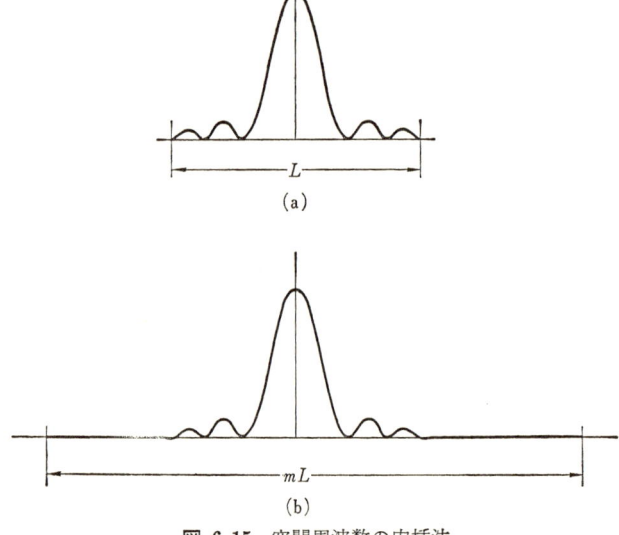

図 6.15 空間周波数の内挿法

の間隔を $1/m$ につめることができる．サンプル点の総数は図 6.12 の矩形 ABCD 部を用いるとして

$$2mN \leq \frac{N^2}{2} \tag{6.53}$$

より $m \leq N/4$ となる．たとえば，$2N \times 2N = 64 \times 64$ のとき $m_{max}=8$ となり 1/8 まで周波数の間隔をつめることができる．

図 6.16 はこれを利用して内挿した例である．5λ の三次コマがあるときのラジアルとタンジェンシャル方向の OTF を示す．図 (a) は $2N=128$ の場合であり，空間周波数 $\lambda Rr=0.25$ までをみると8点の周波数に対する値が計算されている．(b) では $m=8$ として内挿したもので，64点の周波数に対する値が

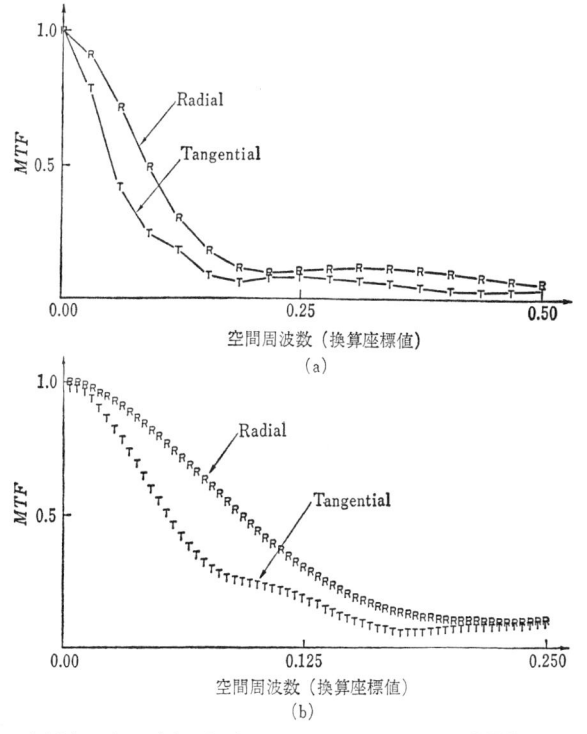

図 6.16 内挿法の実例（波面収差係数 $w_{31}=5\lambda$ の場合の OTF）(武田光夫ほか[12])
(a) 内挿法なし ($2N=128$)，(b) 内挿法による（実効的に $2N=1024$).

計算されている．この方法は単なる内挿ではなく，サンプリング間隔がサンプリング定理を満足している限り，近似値ではない OTF 値を与える．

C．二重変換法の誤差

通信では周波数変調信号に対して**瞬時周波数**（instantaneous frequency）という概念が用いられている．これは周波数変調信号が

$$a = A\sin\phi(t)$$

で表わされるとき，瞬時周波数 $F_{\text{inst.}}$ は

$$F_{\text{inst.}} = \frac{1}{2\pi}\frac{d\phi(t)}{dt} \tag{6.54}$$

で定義される．

もし $\phi(t)=2\pi ft$（f：定数）であれば，もとの信号は $a=A\sin 2\pi ft$ で，周波数は $f=$ 一定の正弦波信号を表わす．これを瞬時周波数で考えると，式 (6.54) に $\phi(t)=2\pi ft$ を代入すれば $F_{\text{inst.}}=f$ となり，瞬時周波数は $f=$ 一定である．これは周波数 f の正弦波信号を示す．

この瞬時周波数の概念は光学でも適用される[13]．ただ光学では ϕ は空間座標の関数であるから，**局在空間周波数**ということにする．たとえば正弦波格子のピッチが場所場所により順次変わっていくようなときに，格子の強度分布を $I=I_0\sin\phi(x,y)$ とおいて x 方向の局在空間周波数 r_L，y 方向のそれ s_L は

$$r_\text{L} = \frac{1}{2\pi}\frac{\partial\phi(x,y)}{\partial x}, \quad s_\text{L} = \frac{1}{2\pi}\frac{\partial\phi(x,y)}{\partial y} \tag{6.55}$$

と定義される．単位はいうまでもなく lines/mm である．

波面収差のあるときの瞳関数は，式 (6.45) の座標系を用い

$$\begin{cases} f(\xi,\eta) = S(\xi,\eta)e^{i\frac{2\pi}{\lambda}W(\xi,\eta)} & \text{：瞳内} \\ f(\xi,\eta) = 0 & \text{：瞳外} \end{cases}$$

で表わせる．

いま吸収はないとすると瞳内では $S(\xi,\eta)=1$ とおけるから，この瞳関数の局在空間周波数は，$W(\xi,\eta)/\lambda$ を式 (6.55) の $\phi(x,y)$ とおいて

6.4 二重変換法による OTF の計算

$$r_{\mathrm{L}}=\frac{1}{\lambda}\frac{\partial W(\xi,\eta)}{\partial \xi}, \quad s_{\mathrm{L}}=\frac{1}{\lambda}\frac{\partial W(\xi,\eta)}{\partial \eta} \tag{6.56}$$

である．

瞳を $N \times N$ の碁盤目に分けてサンプリングすると，瞳の径は1と正規化されているから，サンプリング間隔は $\varDelta=2/N$，式 (6.52) よりこの間隔に対して許容される最高周波数 $r_{\mathrm{c}}=1/2\varDelta=N/4$．

瞳関数の局在周波数の最大値 $\{r_{\mathrm{L}}\}_{\max}$, $\{s_{\mathrm{L}}\}_{\max}$ がこの r_{c} より小さければ，サンプリングの定理を満足する．したがって

$$\left\{\frac{1}{\lambda}\frac{\partial W(\xi,\eta)}{\partial \xi}\right\}_{\max} \leq \frac{N}{4}, \quad \left\{\frac{1}{\lambda}\frac{\partial W(\xi,\eta)}{\partial \eta}\right\}_{\max} \leq \frac{N}{4} \tag{6.57}$$

がサンプル数 N と瞳関数の間の条件[12]となる．

一方，瞳関数と像面の横収差との関係は式 (6.6) で

$$|X|=|aX_a|=\left|\frac{R}{a}\frac{\partial W}{\partial \xi}\right|, \quad |Y|=|aY_a|=\left|\frac{R}{a}\frac{\partial W}{\partial \eta}\right|$$

ここに $X_a=X/a$, $Y_a=Y/a$．またいまの場合横収差は像面座標そのものである．しかし像面座標と区別するために，これを $\varDelta X$, $\varDelta Y$ と書くことにすると

$$\begin{cases} \varDelta X \leq \dfrac{\lambda RN}{4a}=\dfrac{\lambda FN}{2} \\[6pt] \varDelta Y \leq \dfrac{\lambda FN}{2} \end{cases} \tag{6.58}$$

となる†．ここに $R/a=2F$（F は F ナンバー）である．

いま $2N=64$ のとき

$$\varDelta X = \varDelta Y = 16\lambda F \tag{6.59}$$

となる．これからスポットダイヤグラムの広がりをみて，メッシュが十分であるか否か——二重変換法で誤差が大きくなるかどうかを判定することができる．

式 (6.57) はまた，二重変換法が適用できる波面収差の上限を与える．たとえば焦点はずれの収差の場合，式 (6.9) より波面収差 W は

$$W = {}_0w_{20}(\xi^2+\eta^2)$$

---

† ここでは瞳は半径 a の円形としたが，一般には口径蝕のため瞳の x 方向，y 方向で F ナンバーが違う．このときはそれぞれの方向の F ナンバーを用いる．

で与えられる．いま ξ 方向だけを考えることにして

$$\frac{\partial W}{\partial \xi} = 2\,_0w_{20}\xi$$

これの最大値は $\xi = \pm 1$ のときであるから

$$\left\{\frac{\partial W}{\partial \xi}\right\}_{max} = 2\,_0w_{20}$$

これを式（5.57）に代入すると

$$\frac{2\,_0w_{20}}{\lambda} \leq \frac{N}{4}$$

したがって

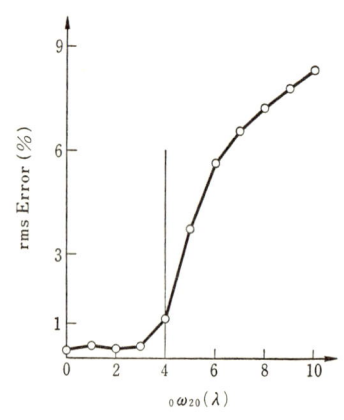

図 6.17 波面収差 $_0w_{20}$ と OTF の r.m.s. 誤差（武田光夫ほか[12]）

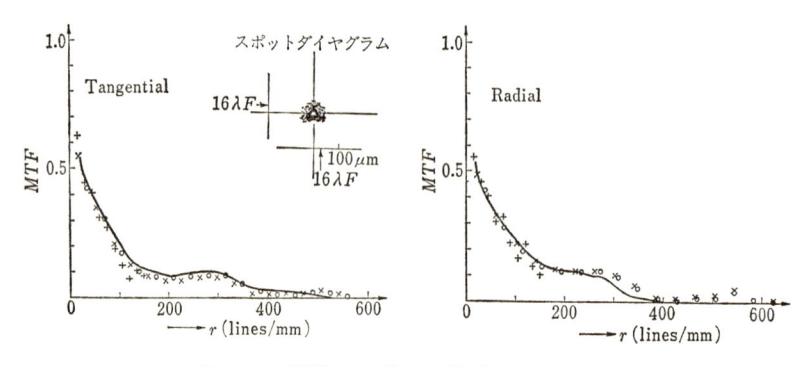

図 6.18 OTF の計算比較（T. Ose et al.[14]）

6.4 二重変換法による OTF の計算

$$_0w_{20} \leq \frac{N\lambda}{8} \tag{6.60}$$

もし $2N=64$ のときは $_0w_{20} \leq 4\lambda$ ということになる．

図 6.17 は $2N \times 2N = 64 \times 64$ のとき，$_0w_{20}$ を変えたときの全空間周波数についての OTF の r.m.s 誤差を示したものである[12]．$_0w_{20}=4\lambda$ をこえると r.m.s 誤差は急激に増加していくことを示している．

図 6.18 は二重変換法とスポットダイヤグラムの方法を比較したものである[14]．図の実線はキルヒホッフの回折積分を数値計算して線像を求め，これに FFT を行って OTF を計算したもので，一応最も確からしい値と考えられるものである．×印は二重変換法，＋印はスポットダイヤグラムの方法により計算したものである．図からスポットダイヤグラムの方式は一般に低周波域で有効なことがわかる．図の右上にはスポットダイヤグラムを示している．この広がりはいまの場合 $16\lambda F$ よりも大きく，二重変換法でもある程度の誤差を見込まねばならない場合である．図の〇印の計算はここでは詳細な説明は省略するが，二重変換法の改良方式による計算である†．スポットダイヤグラムを描くときは入射瞳面を碁盤目に分割し，その一つ一つの目に光線を通す．一方，二重変換法では射出瞳面を碁盤目に分割し波面収差を決定するとともに，これを

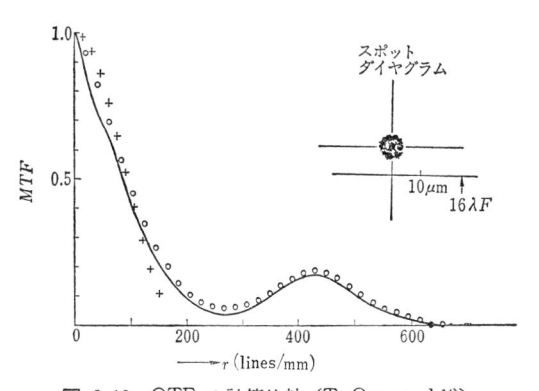

図 6.19 OTF の計算比較 (T. Ose et al.[14])

---

† この改良法については光学技術研究組合資料 (Vol. 8, No. 5) に詳しい．

FFT のサンプリング点とする．レンズの F ナンバーが大きく，また収差も比較的少ないときには入射瞳面，射出瞳面の碁盤目は 1:1 に対応するけれども F ナンバーが小さく，収差も大きくなると必ずしもこの両者は 1:1 には対応しない．これを補正して二重変換法を行おうというのがこの改良方式である．

図 6.19 はスポットダイヤグラムの広がりが 16 μm 以内にまとまっているときの例で，改良方式は高周波までよく理想値と一致していることがわかる．

文 献

1) H. H. Hopkins : *Proc. R. Soc. London*, **A231** (1955), 91.
2) 宮本健郎：応用物理, **27** (1958), 585.
3) S. H. Lerman : SPIE Seminar Proceedings, Vol. 13 (1969), 51.
4) 久保田 広：光学, p. 291 (岩波書店, 1964).
5) M. De : *Proc. R. Soc. London*, **A233** (1956), 91.
6) Leo Levi and R. H. Austing : *Appl. Opt.*, **7** (1968), 967.
7) 小倉磐夫：第 7 回応用物理連合会講演会, 予稿 45 (1960).
8) 久保田 広, 宮本健郎：東大生産技術研究所報告, Vol. 13, No. 2 (1963).
9) O. N. Stavroudis and D. P. Feder : *J. Opt. Soc. Am.*, **44** (1954), 163.
10) 鈴木恒子, 小瀬輝次：応用物理, **33** (1964), 395.
11) 宮本健郎：同上, **26** (1957), 421 ; 同上, **27** (1958), 135 ; *J. Opt. Soc. Am.*, **48** (1958), 57 ; *ibid.*, **48** (1958), 567.
12) 武田光夫, 川淵正巳, 小瀬輝次：光学, **3** (1974), 373.
13) T. Ose : *Science of Light*, **7** (1958), 85.
14) T. Ose and K. Murata : *Opt. Eng.*, **14** (1975), 161.

7

レンズ系の OTF の測定

7.1 測定法の種類

　OTF を求める方式は計算でも測定でも原理は同じであるから，図 6.1 に示した ABC, AB'C ルートが測定でも用いられている．計算の場合は物体として点物体，あるいはスリット状物体に限られるけれども，測定ではこのほかに一次元格子，エッジ，ランダムパターンなどが用いられるので，方式の原理は同一であっても分類の仕方によってはいろいろに分けられる．また，受光器も写真感光材料，光電子増倍管，ビデコン，固体撮像素子など最近はよい光電変換素子が開発されているので，これによっても方式の分類はいろいろに分けられる．ここでは AB'C ルートに属するものとして

　1) コントラスト法

　2) フーリエ変換法

ABC ルートに属するものとしては

　3) 自己相関法

そのほか，ランダムパターンの結像特性を利用した

　4) 相互相関法

ホログラムを用いた

 5) ホログラム法

などおもに測定手段に基づいて分類してみる.

 なお後の説明でわかると思うが, 1)のコントラスト法も受光器として光電変換素子を用いるときは 2)のフーリエ変換法と同一となるので, 走査法と称してこれらを一括することもできる.

7.2 コントラスト法

 この方式は, すでに§1.2で述べた一次元正弦波格子のレンズ像のモジュレイション M が, 式 (1.9) で示したように

$$M = |\sqrt{C^2 + S^2}| M_0 \tag{7.1}$$

で与えられることによるものである. ここに, C, S は OTF の実部(線像のフーリエ cosine 変換)および虚部(線像のフーリエ sine 変換), M_0 は物体としての正弦波格子のモジュレイションである.

 これに基づく測定原理は図 7.1 に示すように物体として一次元正弦波格子を用い, これを被検レンズで結像し, この像のモジュレイションを測定するものである. こ

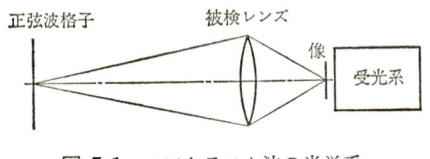

図 7.1 コントラスト法の光学系

の測定光学系の構成はレンズの実際の使用状態(特にカメラレンズの場合)に近いので, **正投影法**とよんでいる.

 受光系としては, 1) 写真感光材料を用い, 正弦波格子の写真像の濃度をマイクロデンシトメーターで測定し, 感光材料の H-D 曲線からこれを強度に換算してモジュレイションを求める. この場合感光材料の MTF 特性も考慮しなければならないから, ある意味では写真レンズの場合は最も実際に近い使用状態での OTF 測定といえる. しかし感光材料の MTF は現像条件などで大きく変化するから, レンズ単独の OTF を知るには適当な測定法とはいえない. 2)被検レンズによる物体の空中像をスリットで走査し, その透過光の強さを光

7.2 コントラスト法

電変換素子で電流に変え,空中像の強度分布を記録計あるいは CRT (cathod ray tube) などに表示してモジュレイションを測るものである.これは後に述べるフーリエ変換法を逆にしたともみることができるので,広義には走査法として一括することができる.このときは走査スリットは走査開口がスリット状の場合であり,テストターゲットが正弦波格子であるとみればよい.

正投影法では測定レンズの倍率は一般に1より小さいから,空中像を顕微鏡対物レンズで拡大して走査スリット上に投影するのが普通である.この場合,顕微鏡の拡大倍率で走査スリット幅を割ったものが像面のスリット幅となるから,走査スリット幅は比較的広くてもよくなる.しかし顕微鏡対物レンズの収差の影響は一応考慮しなくてはならない.特に像面を大きくデフォーカスした場合に問題となる.場合によっては走査スリットと光電変換素子の間に顕微鏡対物レンズを挿入し,単にコンデンサーレンズとしてこれを用いることもある.このときは収差を問題にする必要のないことはいうまでもない.

走査は物体格子を一定速度で移動させてもよく,あるいは走査スリットを受光器とともに移動させてもよい.前者の場合は後に述べるフーリエ変換法と同じ原理となる.

光電変換素子としては光電子増倍管が最もよく用いられている.光電面の分光感度は最近 S-20 タイプが多い.走査機構を省く目的と特殊な分光感度に対するレンズの結像性能をみることを目的として TV の撮像管(たとえばビデコン)を用いることもある.ビデコンは走査速度や走査幅が自由にコントロールできることになっているけれども,実際は水平走査 15.75 kHz (NTSC 方式)のときに最も効率よく設計されているので,これ以外の走査形式で使用すると感度も低下してしまう.また電子ビームの広がりによるスポットサイズも通称 $1\sim2\,\mu m$ といわれているが,場合によるとこれよりもかなり大きくなり,後で補正を必要とすることもある.もちろんガンマ特性も留意しなくてはならず,補正回路をつけるのが望ましい.

固体撮像素子は近年,マイクロコンピューターの普及とともに手軽に使用できるようになってきている.通常 $15\,\mu m$ 間隔で素子が並んでいるが,これで

は直接空中像をサンプリングするには粗すぎるから顕微鏡対物レンズで拡大した像面で用いるようにするとよい．出力のディジタル処理技術の進歩とあいまって，今後広く利用されることであろう．

物体として用いる格子は正弦波格子が理想的である．トーキーフィルムのサウンドトラックを用いたり（透過型），TV システムを用いブラウン管上にこれをつくる試みもあるが，一般にはつくり方がたいへんむずかしいので矩形波格子が用いられている．

矩形波格子で得られる MTF を $M_R(r)$，正弦波で求められる MTF を $M_s(r)$ とすると

$$M_s(r) = \frac{\pi}{4}\left\{M_R(r) + \frac{1}{3}M_R(3r) - \frac{1}{5}M_R(5r) + \frac{1}{7}M_R(7r) + \cdots\right\}$$
(7.2)

という Coltman[1] の導いた換算式があり，これを用いて正弦波格子の値に換算できるわけであるが，周波数 r の値を求めるのには $3r, 5r, 7r, \cdots$ と高周波の矩形格子を用いねばならないので，実際には補正は実行しにくい．そこで，写真測定や走査速度を早くできない場合以外は，以下のように電気的に処理している．すなわちスリット走査の速度を速め，光電変換後の電気信号を電気的狭帯域フィルターを通して基本周波数の信号のみ取り出すようにする．これは見掛け上正弦波格子を用いたのと同等になる．この方式をとるとどんな波形でもよいということになるが，あらかじめ格子の基本波と0次のスペクトルの値は知っていなければならない．

狭帯域フィルターのバンド幅を考えると，できるだけ走査速度を上げるのが望ましい．このため一定周波数の格子を円筒に巻きつけ，回り燈ろうのようにしたものもある．

OTF は特定の周波数に対する値ばかりでなく，多数の周波数の値を測定することも要求される．このためには格子定数の違う多数の格子を用意したり，一つの格子とズームレンズを組み合わせ，ある範囲内で見掛けの格子定数を変える方式をとるもの，あるいは上記の回り燈ろう式では回転速度を変えて基本

波の周波数を変えるもの，また回転数は一定で多数の狭帯域フィルターを用いるものなど電気的に処理するものがある．もちろん，場所的に格子定数が変化していくような格子もつくられている．図 7.2 に種々のターゲット格子を示した．

図 7.2 (a) のジーメンススターは動径方向に周波数が変化している．これを回転数を一定にして回転すると，走査後の電気的周波数は常に一定となる．空間周波数を変えるには動径方向にスライドさせればよい．図 (b) は二つの格子がつくるモアレ縞を利用するものである．二つの格子の傾き角 θ を変えるとモアレ縞は横ずれを生じながら空間周波数を変えるから，走査と周波数変化を同時に行うことができる．図 (c) は連続的に局在空間周波数が変化するものである．

走査と空間周波数変化を独立に操作できるものは上記のジーメンススターであるが，ほかの図 7.2 (b), (c) はいずれもこれらを単独には行えない．これは，同一空間周波数で測定条件を変えたときの OTF の変化を見たいといった要求

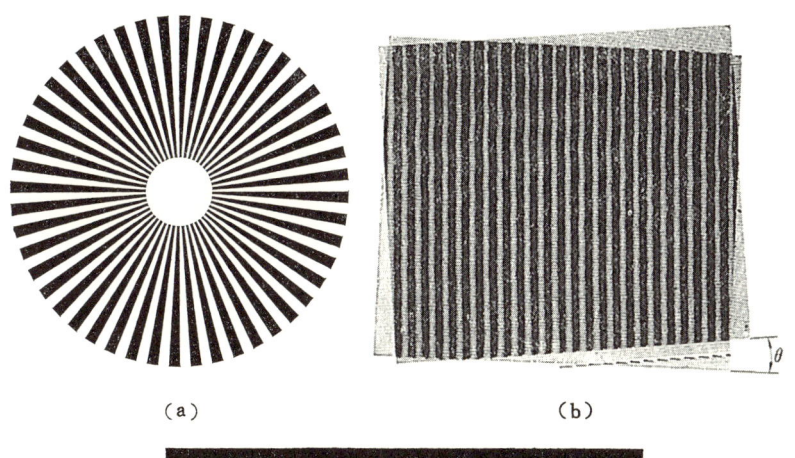

(a) (b)

(c)

図 7.2 ターゲットの各種
(a) ジーメンススター，(b) モアレ縞（透過型），
(c) 面積型正弦波格子ターゲット．

には不便となる．

OTF の位相測定は，コントラスト法では格子像の横ずれからこれを求めることになる．このためには物体格子位置と直接比較するほかないので，写真測定法ではこれを測定することはできない．光電変換素子を用いる方法では物体格子を直接スリットで走査し，光電変換した電気信号を基準信号として用い，レンズ像を走査した信号とこれとを比較し，二つの信号のずれを測定する．

7.3 フーリエ変換法

図 6.1 の AB′C ルートを実験的に行うものである．線像，あるいは点像のフーリエ変換をアナログで行うものとディジタルで行うものがある．1960 年以前はアナログ法が大部分であったが，FFT のアルゴリズムの開発，計算機の小型化とともにディジタル法がよく用いられるようになった．今後は固体光電変換素子の改良とともにさらにこの傾向が強まることと思われる．

A. 光学的アナログフーリエ変換法

この原理は §1.6 A. で述べた光電的フーリエ分析法であって，これを OTF の測定に応用したものと考えてよい．

図 7.3 (a) のように物体側にスリットを置き，その像に正弦波マスクを置くもので図 1.8 と比較すると被積分関数を描いたマスク A の代わりに線像を用いたことになる．また，前節の光電変換方式を用いたコントラスト法と比較すると物体格子と走査スリットをそれぞれ入れ替えたものである．一般に図 (a) のように正投影法でこれを行うとターゲットの格子は非常に細かいものになるので，図 (b) のように光学系を

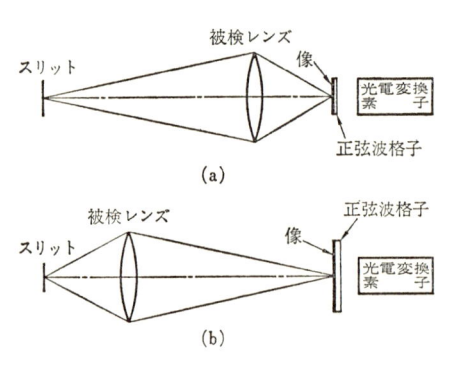

図 7.3 光学的アナログフーリエ変換法の光学系
　　　（a）正投影法，（b）逆投影法．

逆にして——すなわちレンズの本来の像面にスリットを置き，本来の物体面にターゲット（格子）を置くようにする．これを**逆投影法**といっている．スリット像は被検レンズの結像倍率分だけ拡大されるので顕微鏡対物レンズなどを用い像を拡大するということも不要となり，装置は簡素化できる．

正弦波格子や矩形波格子のターゲットを動かして走査することはコントラスト法と同じである．ただこの場合フーリエ積分を光電的に行うのであるから，格子は面積型（図 7.2 (c) のように正弦波形を切り抜いた形のターゲットをいう）でよい．これはターゲットの製作上大きな利点である．

位相の測定はコントラスト法と同様に格子ターゲットから標準信号をつくり，スリット像を走査した信号と比較し，その時間のずれから位相を測定することができる．このほかに2枚の走査格子を用いる例もある[2]．

正弦波格子の透過率を $(1+\cos 2\pi r u)/2$ とし，線像の強度分布 $LSF(u)$ とおくと，式 (1.19) より格子の透過光は

$$I = \frac{A}{2}\{D_0 + D\cos(2\pi r\varepsilon - \varphi)\} \tag{7.3}$$

ここに

$$D_0 = \int_{-\infty}^{\infty} LSF(u)\,du, \quad D = \sqrt{C^2 + S^2}$$

C, S は $LSF(u)$ のフーリエ cosine, sine 変換であり，φ は OTF の位相である．また A は定数，ε は線像と格子の原点の相対的ずれを示す．

いま，一定速度 β でこの格子を u 方向に走らせると $\varepsilon = \beta t$ とおけて

$$I_1 = \frac{A}{2}\{D_0 + D\cos(2\pi\beta r t - \varphi)\}$$

また，逆方向（$-u$ 方向）に走らせると $\varepsilon = -\beta t$ とおけて

$$I_2 = \frac{A}{2}\{D_0 + D\cos(2\pi\beta r t + \varphi)\}$$

である．

そこで $(I_1 + I_2)$，$(I_1 - I_2)$ を測定するようにすると

$$I_1+I_2 = A\{D_0 + D\cos\varphi \cdot \cos 2\pi\beta rt\}$$
$$I_1-I_2 = AD\sin\varphi \cdot \sin 2\pi\beta rt \tag{7.4}$$

したがって (I_1+I_2) の出力のモジュレイションから $D\cos\varphi$, (I_1-I_2) の出力の尖頭値から $D\sin\varphi$ が求まる. したがって D と φ をそれぞれ求めることができる.

I_1, I_2 は走査速度 β, 格子の空間周波数 r で決まる電気的周波数で振動している. この周波数より十分早い周波数で I_1, I_2 の光量を交互に光電管に入れると (この周波数を交照周波数という), その光電出力信号は図 7.4 に示すよう

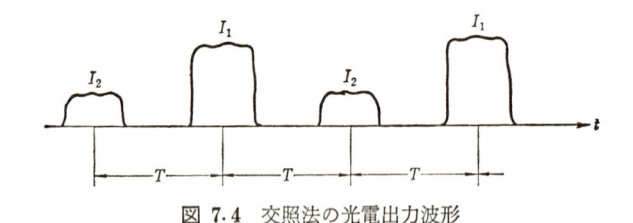

図 7.4 交照法の光電出力波形

に交照周波数で決まる周期 T おきに I_1, I_2 の信号列が得られる. この交照角周波数 $\omega=2\pi/T$ とすると I_1, I_2 は角周波数 $\omega/2$ で繰り返されており, かつ一方は他方に対して位相が π だけずれている. そこで交照法で振幅変調された波形はその基本波のみを考えると

$$I_1(1+\cos\omega t/2) + I_2(1+\cos(\omega t/2-\pi))$$
$$= (I_1+I_2) + (I_1-I_2)\cos\omega t/2 \tag{7.5}$$

と書ける. したがって変調波の直流成分から (I_1+I_2), 交流成分から (I_1-I_2) が得られる[3].

B. 電気的フーリエ変換法

前節の光学的アナログフーリエ変換法の格子を電気的フィルターにおきかえたものがこの方式である.

図 7.5 (a) のように円筒の側面に円筒の軸に平行に切ったスリットで円筒を回転しながら線像を走査すると, 光電管の出力信号は図 (b) のようにスリットの回転周期 T を周期とする電流波形が得られる. いま回転の円周速度を β

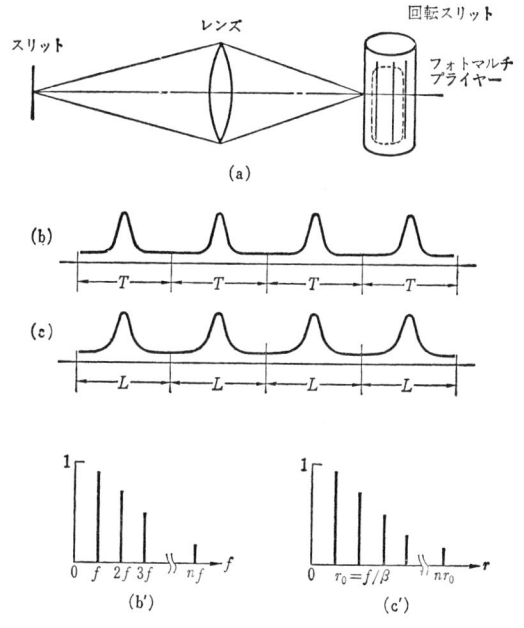

図 7.5 電気的フーリエ変換法
(a) 基本光学系, (b) 光電出力波形, (c) 光電出力波形に相当する光学像, (b′) 光電出力波形のスペクトル, (c′) MTF.

とすると，この電流波形は $\beta T=L$ を周期とする線像の繰り返し図形（図 (c)）に対応している．したがって図 (b), (c) のスペクトルを図 (b′), (c′) に示すが，この両者は $1/T=f$, $1/L=r_0$ とすると

$$f=\beta r_0 \tag{7.6}$$

の関係で結ばれていることがわかる．

そこで，図 (b) の電流波形を電気的狭帯域フィルターで分析し $f, 2f, 3f, \cdots$ の利得を測定すると，これは $r_0, 2r_0, 3r_0, \cdots$ の空間周波数の MTF 値を測定したことになる．

この方法は光学的正弦波格子を必要としない利点があり簡便な方式である．しかし実際には走査周波数やフィルターの安定化にかなりの精度が要求されるので必ずしも簡便とはいえない．

式 (7.6) で β を変えると f 一定の狭帯域フィルターでも分析が可能で，これを**モノフィルター法**といっている．しかしこのときは β の正確な測定が必要である．$\beta=$ 一定の場合は，必要な空間周波数だけの電気的狭帯域フィルターが必要となる．これを**マルチフィルター法**といっている．

走査を繰り返す方法として図 7.6 (a) のように円筒にスリットを多数切った

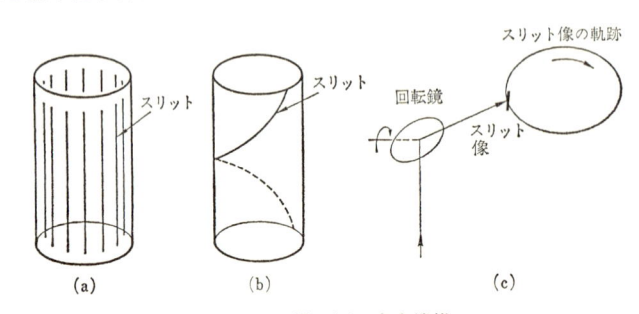

図 7.6 繰り返し走査機構
(a) 多重スリット（回り燈ろう），(b) ヘリカルスリット，
(c) すりこぎ運動鏡．

ものや，図 (b) のように 1 本のスリットをヘリカルに巻いて 1 回転で 1 回だけ走査するようにしたものもある．また図 (c) のように回転軸に直角ではなくて傾けて鏡を取り付け（nutating mirror），鏡にはいる光束を反射後楕円軌道を描かせるようにする光学的方法も用いられている．

また，線像を繰り返す代わりにエッジ像を繰り返してもよい．

一方向に線像を繰り返す走査

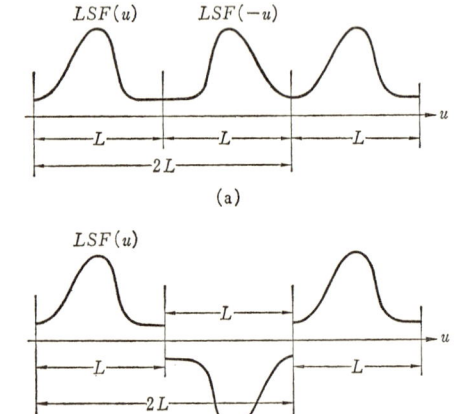

図 7.7 往復走査法の光電出力波形
(a) 往復走査の光電出力，(b) ゲート回路により 1 周期おきに反転させられた出力波形．

法ではなく往復走査をすると, 図 7.7 (a) のように光電変換された出力信号は時間軸を空間座標におきかえて考えてみると, $LSF(u)$ と $LSF(-u)$ が交互に周期 L で繰り返される波形に対応する. これを周期 $2L$ で周波数分析するとフーリエ cosine 変換が得られる. さらに1周期ごとにゲート回路を開閉して出力の符号を変えると, これは図 (b) のように空間座標に対しては $LSF(u)$, $-LSF(-u)$ が交互に繰り返される波形となるから, これを周期 $2L$ で周波数分析するとフーリエ sine 変換が得られる. これから OTF の絶対値と位相を測定することができる[4].

C. ディジタルフーリエ変換法

前節の電気的アナログフーリエ変換法は, 光学的アナログフーリエ変換の正弦波格子の代わりに電気的フィルターを用いたものであるが, OTF の計算法のところで述べた FFT を用いて線像あるいはエッジ像のフーリエ変換を計算機で行う方法がある.

光学的フーリエ変換法で用いられる格子は, 製作上細かいほうでは 8 lines/mm, 粗いほうでは 0.4 lines/mm 程度である. これは粗いほうは格子が大きくなり OTF 測定の機能上制限され, 細かいほうも実際はより細かいものも製作可能ではあるが, やはり走査格子としては難点がある. この結果, 低周波ならびに高周波の OTF 測定は実際問題としてむずかしい. 無限遠物体に対しては, コリメーターレンズの焦点距離を被検レンズの焦点距離と必要な空間周波数に合わせて選んでいる. しかし有限距離物体に対してはコリメーターレンズが用いられないから, 必要な周波数の格子を用意しなくてはならない. 写真レンズの場合, 最近の傾向としてこの有限距離の測定が要求されるようになっている. こうなるとアナログフーリエ変換方式での測定は無理ということで, ディジタル方式が試みられるようになってきた.

図 7.8 (a) はエッジ像を L の範囲で N 個のサンプル点をとって測定する場合を示したものである. このときのサンプル点の間隔を $\varDelta$ とすると, サンプリング定理から FFT は $1/L$ を基本周波数として最高周波数 $N/2L$ まで求めることができる. したがって, もし 500 lines/mm まで求めたいときは $\varDelta = 1$

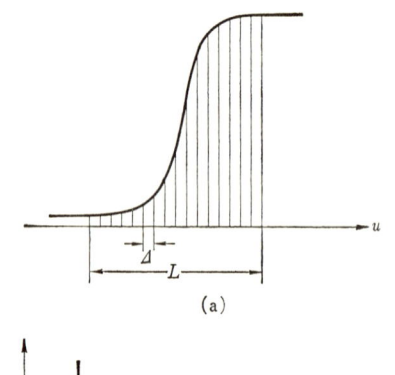

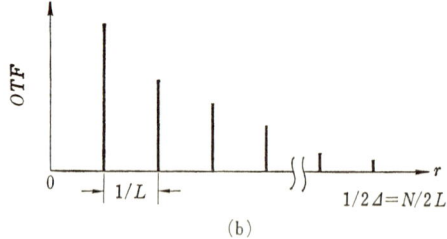

図 7.8 ディジタルフーリエ変換法
(a) エッジ像のサンプル点，(b) サンプル結果から得られる OTF.

μm ということになる．この関係は線像の場合も同じである．

このことは $\varDelta$ を非常に正確に測定しなければならないことを意味し，機構的にかなり高度の工作技術を必要とする．

モアレ縞を利用した微少変位検出装置を用い 1 μm ごとにエッジ像の強度を記録するものや，ダイナミックスピーカーを利用して電圧制御で 0.04 μm ごとにサンプル点をとっていくものなどが開発されている．

OTF 計算の場合は § 6.4 C. に述べたように収差量によってサンプル点数がサンプリング定理を満足できず aliasing の誤差が問題であったが，測定の場合はサンプル点数 N，サンプル間隔 $\varDelta$ として $L=N\varDelta$ が線像の裾より十分大きいか，途中で切れてしまっているかが問題となる．これから生ずる誤差を **truncation の誤差**という．これについては Rabedeau[5]，Tatian[6] の解析があり低周波で誤差が大きいことが明らかにされている．また光電管のショットノ

イズを考慮した議論は武田[7]が試み，ノイズレベルにより誤差を最少にする最適の L があることを明らかにしている．

格子を用いるアナログフーリエ変換法では式 (7.3) からわかるように平均光量は線像の 1/2 である．したがって，光電変換後の電流は OTF が 0 になる近傍を除けばショットノイズより十分大きな信号電流が得られ，S/N はほとんど問題にならない．しかしディジタル方式では線像をスリットで走査するから光電変換された信号電流は弱く，S/N が大きな問題となる．これは，図 7.8 のエッジ像の場合もこれを微分して線像の強度分布を得る際にノイズが問題となり，事情はほとんど同じである．

武田[8]は線像の N 個のサンプル値を素子とする N 次元ベクトル行列を考え，ディジタル方式を行列方程式で表わし，誤差行列を導いてこの問題を一般的に考察している．その結果，エッジを用いるよりもスリットで線像を走査するほうがショットノイズに対して有利なことを明らかにした．またこの一般論から，アダマール変換を用いたマルチスリット法も有利であることを提言[8]している．

7.4 自己相関法

波面を横ずらしさせて重ねる干渉をシェアリング干渉，正確には lateral shearing interference という．

いま波面を $A(x,y)e^{i\varphi}$ とすると，x 方向，y 方向にそれぞれ $\bar{r}$, $\bar{s}$ だけずらした波面は $A(x-\bar{r}, y-\bar{s})e^{i\varphi'}$ と書ける．この二つの波面を相対的に位相 Δ を与えて重ねると，その干渉結果の強度は

$$I = |A(x,y)e^{i\varphi} + A(x-\bar{r}, y-\bar{s})e^{i(\Delta+\varphi')}|^2$$
$$= |A(x,y)|^2 + |A(x-\bar{r}, y-\bar{s})|^2$$
$$\quad + 2A(x,y)A(x-\bar{r}, y-\bar{s})\cos(\Delta-\varphi+\varphi') \quad (7.7)$$

第 3 項は式 (2.38)，あるいは (6.10) で示した OTF が瞳の自己相関で与えられる式の被積分関数を示している．

そこで $A(x,y)$ をレンズの瞳関数になるように光学系をつくれば，シェアリ

ング干渉で瞳の自己相関による OTF を求めることができる[9].

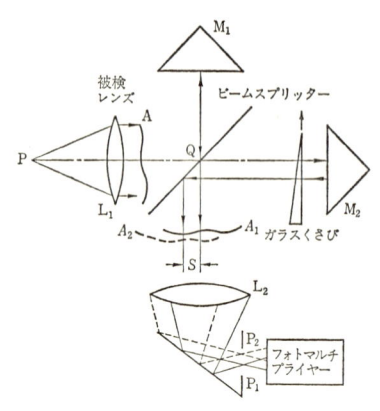

図 7.9 はシェヤリング干渉法の一例である．被検レンズ L_1 の焦点面に点光源 P を置く．レンズ L_1 から出た光は半透明鏡で 2 方向に分けられるが，一つは半透明鏡を通過し，三面鏡 M_2 で反射され，再び半透明鏡で反射されて L_2 の焦点面に光源 P の像 P_2 をつくる．いま一つは半透明鏡で反射される光で，三面鏡 M_1 で反射され，半透明鏡を通過してレンズ L_2 の焦点面に光源 P の像 P_1 をつくる．

図 7.9 シェヤリング干渉法による OTF 測定

M_1, M_2 はそれぞれ入射光の方向に直角に移動すると反射光は移動量の倍だけ横ずれするから，P_1, P_2 の間隔は M_1 あるいは M_2 のどちらかの横移動で変えられる．P_1, P_2 の位置に眼をおくと，横ずれして重なっているレンズの瞳を見ることができる．そして，その重なり合っている部分におそらく干渉縞を見ることができる．その重なり合う部分の明るさは Q 点から M_1, M_2 までの距離の差で決まる．すなわち，式 (7.7) の $\varDelta$ はいまの場合 $4\pi(\overline{QM_1}-\overline{QM_2})/\lambda$ で与えられる．

P_1P_2 面（レンズ L_2 の像面）にレンズを入れて被検レンズの瞳を光電管の受光面上につくるようにする．このときの光電出力は，式 (7.7) の強度 I を二つの瞳の占める面積 S で積分した光量に比例する．すなわち，光電出力 i は瞳関数を $S(x,y)\exp[ikW(x,y)]$ とおくと，式 (7.7) で $A(x,y)=S(x,y)$, $\varphi=kW(x,y)$, $\varphi'=kW(x-\bar{r},y-\bar{s})$ とおいて

$$i \sim \int_S I\,dx\,dy = D_0 + 2\int_S S(x,y)S(x-\bar{r},y-\bar{s})\cos(\varDelta - kV(x,y,\bar{r},\bar{s}))\,dx\,dy$$

$$= D_0 + 2D\cos(\varDelta - \phi) \tag{7.8}$$

ここに D_0, D, ϕ は以下のようである.

$$D_0 = \int_S (|S(x,y)|^2 + |S(x-\bar{r}, y-\bar{s})|^2)\, dx\, dy$$

$$D = \sqrt{a^2+b^2}, \qquad \phi = \tan^{-1}\frac{b}{a}$$

$$a = \int_S S(x,y)\, S(x-\bar{r}, y-\bar{s}) \cos kV(x,y,\bar{r},\bar{s})\, dx\, dy$$

$$b = \int_S S(x,y)\, S(x-\bar{r}, y-\bar{s}) \sin kV(x,y,\bar{r},\bar{s})\, dx\, dy$$

$$V(x,y,\bar{r},\bar{s}) = W(x,y) - W(x-\bar{r}, y-\bar{s})$$

$$\varDelta = 2k(\overline{QM_1} - \overline{QM_2})$$

このままでは光電出力の中の D_0 成分と D 成分を分離することはできない.いま $\varDelta$ を時間に比例して変えるようにすると D_0 は直流成分,D は交流成分とすることができるから,電気的周波数フィルターで両者を分離できる.図 7.9 で M_2 の前に入れてあるガラスくさびはこのためのもので,これを等速度で光束内を出し入れし,光路差に直線的変化を与えようとするものである.

二つの瞳を合致させると,$\bar{r}=\bar{s}=0$, D_0 はレンズ L_1 を通る全光量に比例するから,これで D を正規化するようにすれば正規化された OTF を求めることができる.

この全光量が測定できるということはフーリエ変換法など他の方法では得られないことであるから,この方法の特色である.また,ごくわずかに瞳をずらすことで低周波の OTF が求まることもこの方法の特色である.逆に高周波の OTF を求めるには光源のコヒーレンシイをよくしなければならず,レーザー光などを用いる以外にはむずかしくなる.また,このコヒーレンシイの問題から多色光の OTF を求めることができないという不便さもある.

図 7.9 の例ではシェヤリングを与えるのに三面鏡を横ずらし,位相 $\varDelta$ を変えるためにガラスくさびを用いている.これらの微少の動きを正確に保つのはかなり高度の技術を必要とする.偏光を用いて,これらの不便を改善し実用的装置にまで発展させた鶴田[10]の方法がある.この方法の原理は,図 7.10 (a) に示すようにサバールの偏光器とセナルモンの補償器から成っている.

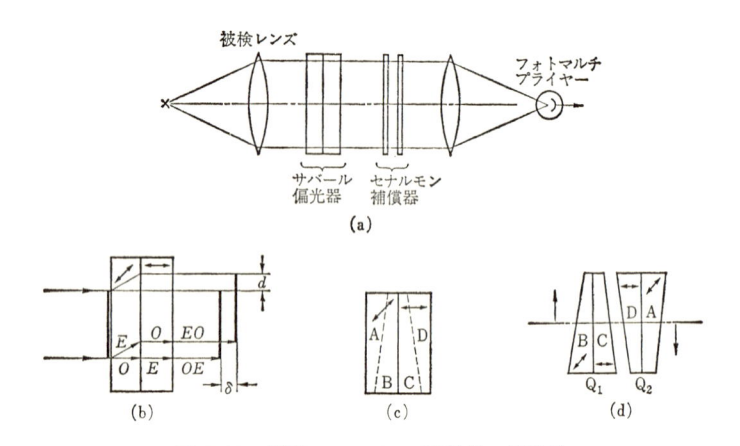

図 7.10 偏光シェヤリング干渉法の光学系
(a) 光学系, (b) サバール板, (c) 改良サバール板の原理, (d) 改良サバール板.

サバール偏光器は図 (b) に示すように光学軸に対して 45 度に切った一軸結晶板 2 枚を互いに 90 度回転して組み合わせたもので, 第一の結晶板にはいった光は常光線 O と異常光線 E に分けられるが, 第二の結晶板は 90 度回転しているから入射した常光線は異常光線に, 異常光線は常光線となるので図 (b) のように OE, EO となってでていく. このとき, OE と EO の二つの波面の横ずれ量 d は結晶の厚さに比例し, 位相差は結晶板の厚さと入射角に比例する. そこで, 横ずれを可変にするためには結晶の厚さを変える必要がある. 鶴田はサバール板を図 (c) の破線のように分割して図 (d) のように組み合わせて Q_1, Q_2 をつくり, これを互いに横ずらしすることができるようにして厚みを可変とした. これを**改良サバール板**といっている. このままでは結晶板はある厚みの前後で可変となるだけであるから, これにいま一つサバール偏光器を加えて見掛けの厚みを 0 になるようにしている. これにより, 瞳の横ずらしを 0 からある値まで連続的に変えることができるようにしている.

セナルモン補償器はサバール偏光器から出た光の位相差を時間的に変化させるために用いられる. これは $\lambda/4$ 板と偏光子, 検光子から成り, $\lambda/4$ 板の xy 軸はサバール板による横ずらし方向と 45 度の角度をなすように置き, 検光子

を回転させて時間的に位相差を変化させるようにしている．

7.5 相互相関法

簡単のために一次元で考える．ランダムパターンの強度分布を $O(u')$, レンズの線像の強度分布を $LSF(u')$ とすると，その像の強度分布はこれらの接合積で与えられる．

$$I(u)=\int_{-\infty}^{+\infty}O(u-u')LSF(u')\,du' \tag{7.9}$$

図 7.11 のように像面に物体と全く同じランダムパターンを置くと（結像倍率

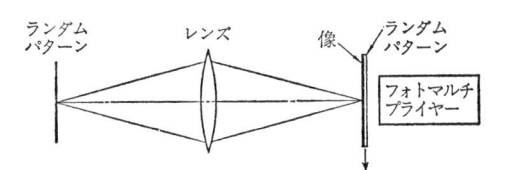

図 7.11 相互相関法の光学系

は等倍とする）物体と像のパターンの相互相関 ϕ_{i0} を求めることができる．

$$\phi_{i0}=\lim_{L\to\infty}\frac{1}{2L}\int_{-L}^{L}O(u)I(u+\tau)\,du \tag{7.10}$$

ここで τ は両者の相対的な横ずれ量，L は有限な積分範囲である．

式 (7.9) をこれに代入すると

$$\phi_{i0}=\lim_{L\to\infty}\frac{1}{2L}\int_{-L}^{L}O(u)\int_{-\infty}^{+\infty}O(u+\tau-u')LSF(u')\,du'du$$

$$=\int_{-\infty}^{+\infty}LSF(u')\,du'\lim_{L\to\infty}\frac{1}{2\pi}\left\{\int_{-L}^{L}O(u)O(u-u'+\tau)\,du\right\}$$

いま物体の自己相関を

$$\phi_{00}=\lim_{L\to\infty}\frac{1}{2L}\int_{-L}^{L}O(u)O(u+\varDelta)\,du$$

とおくと，上式は

$$\phi_{i0}=\int LSF(u')\phi_{00}(\tau-u')\,du' \tag{7.11}$$

となる．これは，物体と像の相互相関は物体の自己相関と線像の接合積で与え

られることを示している.

相関関数のフーリエ変換を**ウィーナースペクトル**†という.これをそれぞれ $P_{i0}(r)$, $P_{00}(r)$ とおき, $LSF(u)$ のフーリエ変換を $R(r)$ とおくと式 (7.11) の両辺をフーリエ変換して

$$P_{i0}(r) = R(r) P_{00}(r) \tag{7.12}$$

が得られる.

これからウィーナースペクトルが既知であるランダムパターンを用いると, 相互相関を測定して OTF を求めることができる[11].

L は本来無限大にとることが要求されるけれども, 実際の測定ではこれは不可能である. 自己相関関数が 0 におちる τ よりも大きめにとるということで相関関数をフーリエ変換してウィーナースペクトルを求めるときに生ずる truncation の誤差を避けている. ランダムパターンとしては通常写真乳剤の現像銀粒子の拡大像を用いている. これだと自己相関の範囲はもちろん拡大倍率によるが 1 mm 以下であり, L をそう大きくとる必要はなくなるが, 逆にごく低周波範囲の OTF しか求められないことになる.

この方法は走査スリットが不要でまた測定光量も大きくとれるから, S/N の点ではたいへん有利である. この測定法が提案されたころはフーリエ変換を計算することがたいへんな時代であったが, 現在はこの点はほとんど問題はない, したがって白色ノイズに近いランダムパターンが入手できればたいへんよい方法といえる.

7.6 ホログラムを利用する方法

ホログラムの原理は §5.4 C. で解説したが, OTF の測定にもこれが応用されている. ただしこの方法はルーチンなレンズテストには向かないが, 実験室で手軽に行えるので紹介しておこう.

---

† 通信で扱う信号ではパワースペクトルのアンサンブルアベレイジと自己相関関数とはフーリエ変換の関係にある. これをウィーナーの定理 (Wiener's theorem) という. 光学結像で扱う信号にはパワーの概念はあてはまらない. ここでは通信のパワースペクトルに相当するものをウィーナースペクトルとよぶことにする.

A. シェヤリング干渉法

レンズの瞳の近くに乾板を置くか,またはリレーレンズを用いて瞳の振幅分布をホログラムに記録する.参照光は平面波とする.

瞳関数を $f(x,y)$ とし式 (5.55) で $e_m=f(x,y)$,参照光 $e_r=ce^{i\alpha x}$ とおく.ここに $\alpha=k\sin\theta$, $k=2\pi/\lambda$, θ は参照光のホログラム面への入射角である.式 (5.55) からホログラムの振幅透過率 $(\sqrt{T})_0$ は定数項を無視して

$$(\sqrt{T})_0=|f|^2+|c|^2+fe^{-i\alpha x}+f^*e^{i\alpha x} \tag{7.13}$$

いま一つ全く同じホログラムをつくり,x 方向に $\bar{r}$ だけずらして上記のホログラムに重ねる.この第二のホログラムの振幅透過率は $f(x-\bar{r},y)=f_s$ と書いて

$$(\sqrt{T})_s=|f_s|^2+|c|^2+f_se^{-i\alpha(x-\bar{r})}+f_s^*e^{i\alpha(x-\bar{r})} \tag{7.14}$$

で与えられる.

この2枚のホログラムを参照光と同じ波面 $e_r=ce^{i\alpha x}$ で再生すると図 7.12 に示すように,第一のホログラムからは $\theta=0$ 方向,θ 方向,2θ 方向にすすむ三つの回折波が再生され,これが第二のホログラムにはいって,それぞれ三つずつの回折波を再生する.適当なフィルタリングを行って $\theta=0$ 方向に回

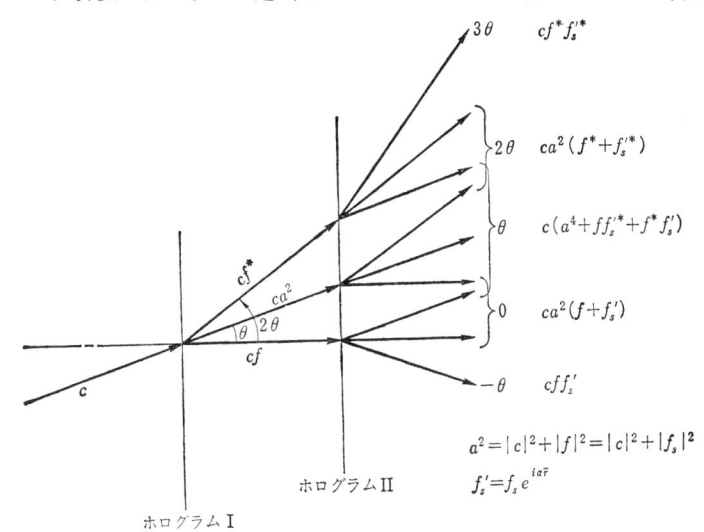

図 7.12 ホログラフィックシェヤリング干渉法の原理

折される再生波のみを取り出すようにすると，その波面 E は
$$E = cf[|f_s|^2 + |c|^2] + cf_s[|f|^2 + |c|^2]e^{i\alpha\bar{r}}$$
$|f_s|^2 = |f|^2$ であるから，この振幅は
$$E = c[|f|^2 + |c|^2]\{f + f_s e^{i\alpha\bar{r}}\}$$
となる．

この波面の強度は $f = S(x,y)e^{ikW(x,y)}$, $f_s = S(x-\bar{r},y)e^{ikW(x-\bar{r},y)}$ とおいて
$$|E|^2 = I_0\{|S(x,y)|^2 + |S(x-\bar{r},y)|^2$$
$$+ 2S(x,y)S(x-\bar{r},y)\cos[\alpha\bar{r} + kV(x,y,\bar{r})]\} \tag{7.15}$$
で与えられる．ここに
$$V(x,y,\bar{r}) = W(x,y) - W(x-\bar{r},y).$$
したがって $\theta = 0$ 方向に回折される再生波の全光量は上式を二つの瞳が占める面積 S について積分すればよいから
$$|E|_s^2 \sim I_0' + 2\iint_s S(x,y)S(x-\bar{r},y)\cos\left[\alpha\bar{r} + kV(x,y,\bar{r})\right]dx\,dy$$
$$= I_0' + I\cos(\alpha\bar{r} - \psi')$$
となり，これは式 (7.8) と全く同じ形である．

この方法の特色はホログラムを横ずらしすることによって $\cos(\alpha\bar{r} - \Psi')$ が変わるので，横ずらしと変調が同時に行えることである．このホログラフィによるシアリング干渉法は精度をだそうとか，ルーチンなレンズテストを行うには不向きであるが，実験室で手軽に試みられる方法であろう．通常の OTF 測定はすべて実時間であるが，これはある時刻の波面を記録しているという点は一つの特色といえる[12]．

B. ホログラムフィルター法

信号波 e_m, 参照波 e_r でつくったホログラムの振幅透過率は，式 (5.55) で与えられるように
$$\sqrt{T} \sim |e_r|^2 + |e_m|^2 + e_r^* e_m + e_r e_m^*$$
である．このホログラムを信号波 e_m で再生すると
$$e_m\sqrt{T} \sim e_m\{|e_r|^2 + |e_m|^2\} + e_r^* e_m^2 + e_r|e_m|^2$$

この第三項の波面の振幅は $|e_m|^2$, すなわち e_m の強度である. そこでこの波面のみを適当なフィルタリングにより取り出し, レンズを用いてフーリエ変換すると, e_m のスペクトルを f として, f と f^* のコンボリューションを得ることができる.

この原理を用いて e_m を被検レンズの点像の振幅分布とすればそのスペクトル f は被検レンズの瞳関数であるから, このコンボリューションは OTF である. したがって, 二次元的に OTF の様子を明るさの変化として観測することができる[13].

図 7.13 のようにコリメーターレンズ L_1 の前側焦点面に被検レンズの瞳面と参照光源を置く. L_1 の後側焦点面 P に乾板を置き, 被検レンズの点像の振

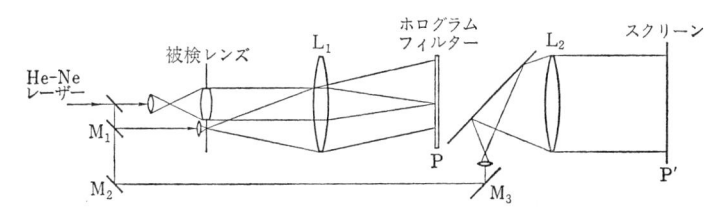

図 7.13 ホログラムフィルター法の光学系

幅分布 ASF のホログラムをつくる. こうしてつくったホログラムを元の位置にもどし, 被検レンズの点像の振幅分布 ASF を当てて再生する. この再生波面をレンズ L_2 を用いて光学的にフーリエ変換するために, L_2 の前側焦点面がホログラム面に一致するようにし, 後側焦点面 P′ で観測する. OTF は複素振幅で $MTFe^{-iPTF}$ の形であるから, 図のように鏡 M_2, M_3 を用い, 横から P′ 面に平面波を重ねると干渉パターンとして PTF を観測することができる.

7.7 OTF 測定機

前節まで OTF 測定法の原理とそれらの基本的な問題点を解説した. この節では現在用いられている代表的な測定機を二, 三解説する. 測定機の現状は必ずしも満足したものではないが, 現在の技術からみるとそれぞれ最善の努力が払われたものである.

A. EROS 型測定機

この測定機は Sira† の L. R. Baker が開発したものを, Beck 社が実用機として製作しているものである. Ⅳ型, Ⅲ型, 100 型などの数種あるが汎用のものはⅣ型である. アメリカをはじめ各国に十数台輸出されており, 世界で最も普及している測定機といえよう.

§7.2 で述べたコントラスト法による測定機は E. Ingelstam[14] の写真測光法によるもの, D. R. Herriott[15], W. N. Sproson[16] の格子像をスリットで走査するもの, また逆に正投影法で物体格子を移動させる O. H. Shade[17], E. Hutto[18], K. Rosenhauer[19] などの測定機, また TV 系を受光器に用いた小穴[20]の測定機などがある. これらの測定機はすべて周波数が違う多数の物体格子を用意し, それらを順次入れ替えて OTF を測っていくものである. 物体格子の格子本数も数本と限られるので走査結果の出力からコントラストだけを測定することもむずかしく, また電気的フィルターで基本波のみを取り出し正弦波 OTF を求めることもむずかしい.

EROS 型は可変格子を用いたのが一つの特色である. この原理は K. Hacking[21] の原理と同じもので, 図 7.14 に示すように平面格子とスリットを重ねると, スリットから取り出せる格子の周波数は両者の傾き角 θ として,

$$r = r_0 \cos \theta$$

で与えられる. ここに r_0 は格子の周波数である. したがって, θ を変えることで周波数 r は 0 から r_0 まで連続的に変化させることができる.

格子を図の u' 方向に速度 β で移動させると, v 方向に置かれた物体側スリ

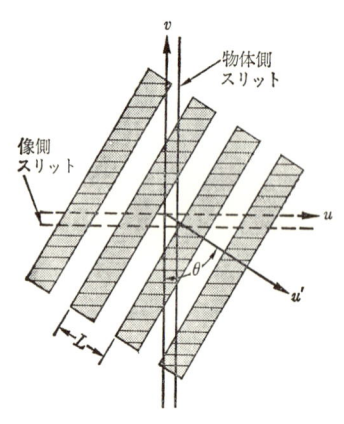

図 7.14 EROS 型 OTF 測定機の可変周波数格子の原理

---

† Sira: Sira Institute Ltd., Chislehurst, Kent, England.

ット内の格子は速度 $\beta'=\beta/\cos\theta$ で移動するから，u 方向に置かれた像側スリットから単位時間に検出される格子移動の周波数は $r\beta'=r_0\beta=f$ となり，θ に無関係に一定となる．これは中心周波数 f の電気フィルターを用いれば常に基本波だけを取り出すことができ，矩形波形格子を用いても正弦波 OTF が求められることを示している．

図 7.15 は物体格子部分（object generator といっている）の機構を示したものである．

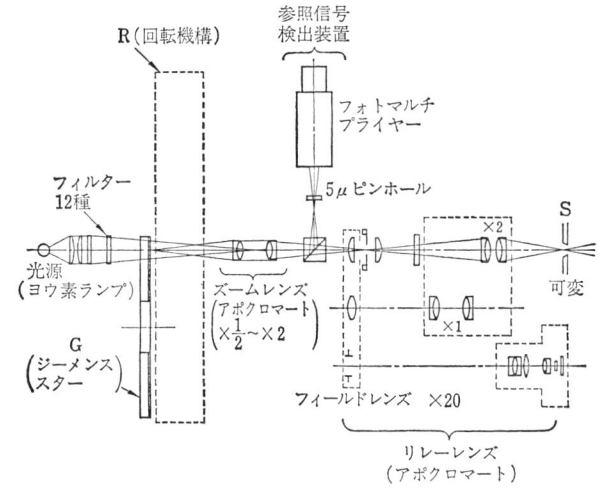

図 7.15 EROS 型 object generator の光学系

格子 G は平行線格子ではなく，直径 3 インチのジーメンススターを用いている（4,800 分割，空間周波数は 10 lines/mm）．走査はこれの回転で行われる（走査結果の電気的基本周波数 $f=1,000\,\mathrm{Hz}$）．このジーメンススターはズームレンズ（ズーム比 4:1，倍率 1/2～2 倍）とリレーレンズ（1 倍，2 倍，20 倍，いずれもアポクロマートである）によって物体スリット S（幅 0～500 μm）上に拡大投影される．

被検レンズ，ズームレンズ，リレーレンズの結像倍率をそれぞれ m_T, m_Z, m_R とすると，被検レンズの像面上での空間周波数 r_i は物体格子の周波数 $r_0 \cos\theta$ として，

$$r_i = r_0 \cos\theta / m_T m_Z m_R$$

で与えられるから，m_Z, m_R を m_T に応じて適当に選ぶことにより最高周波数を決めることができる．仕様では最高周波数 400 lines/mm となっている．

ジーメンススター G は，回転機構 R に取り付けられ，物体スリット S に対して遊星運動を行い S と格子のなす角 θ を変えられる．

物体側スリット S は被検レンズにより正投影法で像側スリット上に結像される．像側スリット（幅は可変）の後にフォトマルチプライヤーが置かれ，通過光を受光する（受光系の口径比は 0.71）．

この出力は増幅され，中心周波数 1,000 Hz のフィルターを通り，その振幅と位相は物体側にある参照信号検出装置から得られる参照信号のそれらと比較され，2素子 X-Y レコーダーの二つの Y 軸に入れられる．物体側の回転機構 R の回転は正弦ポテンシオメーターで linear にされて，X-Y レコーダーの X 軸に入れられる．これにより OTF は linear scale の空間周波数で表示される．

これらの出力はまた CRT にも導かれる．物体側，像側のスリットの位置決めは位相の検出によって行われる．

object generator, 走査開口（スリット）と受光器を組み込んだ image analyser, コリメーターおよび被検レンズ用のレンズマウントなど，測定に応じて大型定盤上にセットして測定を行うので，最も汎用ということはできるが，その都度，光軸出しなどを行わねばならず必ずしも機能的とはいいがたい．しかし，機械的精度はかなり注意してつくられているようである．測定誤差は 100 型 5%，III型 3%，IV型 1%，位相は 5% と称している．

B. JOERA C-4 型測定機

光学的フーリエ変換方式の測定機は前に述べた K. Hacking[21] の回転する格子を用いたものや，P. Lindberg[22], J. Simon[23], J. Pouleau[24] の多数の正弦波面積型マスクを用いるもの，連続格子を用いる村田[25]，2枚の連続格子を用いる小瀬[3]の装置などが開発されている．

この C-4 型は村田の測定装置を実用化したものである．わが国ではすでに 10 台ほど製作されて，標準的な測定機とみなされている．

7.7 OTF 測定機

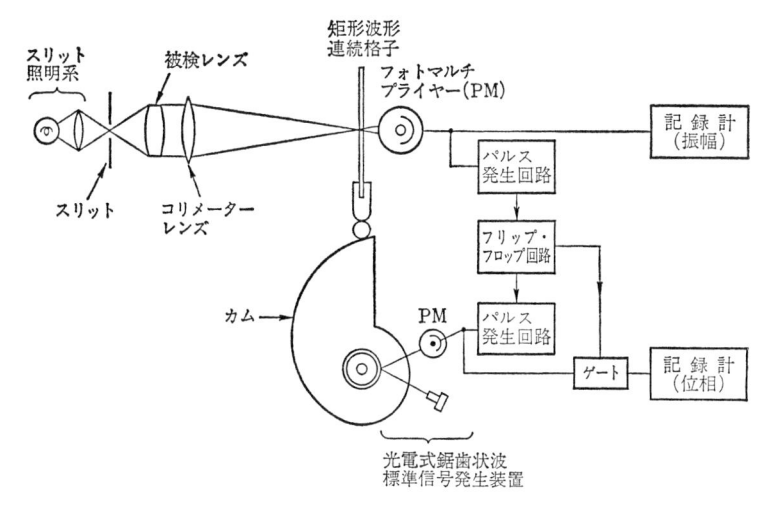

図 7.16 JOERA C-4 型測定機の光学系

図 7.16 にこの装置の概要を示す．逆投影法で被検レンズによるスリット像を連続矩形波形格子上につくっている．この格子は空間周波数 0.25〜8 lines/mm で等比級数的に（公比は2の16乗根）変化している．これをカム機構により粗い部分は早く，細かい部分は遅く走査するようにして走査結果の電気的周波数を 5 Hz になるようにしている．光電出力はペン書きオッシログラフにそのまま記録される．最近はディジタル表示ができ，測定値をテープパンチして電子計算機にかけてデーター処理ができるように改良されている．

位相の測定は格子の送りと同期した鋸歯状波発生機からの信号を標準とし，信号波，標準波ともにパルス化して比較する．その記録は位相のずれで振幅変調された標準鋸歯状波をペン書きオッシログラフで記録するようにし，その包絡線から求められる．

この装置は主として 3 mm 用写真レンズの測定を目的とし，コンパクトにできている．コリメーターレンズ径 60 mmφ，被検レンズの焦点距離は 5〜250 mm である．測定誤差は公称5％以下といわれている．

C. キャノンレンズアナライザー

電気的フーリエ変換法に基づく測定機は H. D. Polster[26] のすりこぎ運動をする鏡（図 7.6(c)）で，線像を一方向に繰り返し走査し，マルチフィルターを用いて分析するものや，K. G. Birch[27] のように円筒の側面に切った多数のスリット（図 7.6(a)）で走査し，走査速度を変えてモノフィルターで分析するもの，また佐柳[28]，K. Rosenhauer[29] のようにスリットの代わりにエッジを用い，やはり走査速度を変えてモノフィルターで分析するもの，小瀬[4] の TV 用ビデコンを用いた往復走査によるものなどがある．

キャノンレンズアナライザー 1-A 型は初期には小瀬の方法と同様にビデコン上にスリット像を結像し，その出力をマルチフィルターで分析したが，ビデコンの感度がたりず明るいレンズにしか適用できなかった．そこで図 7.17(a) に示すようなヘリカルスリットを用い，その回転によりスリット像を一方向に走査し，受光器をビデコンからフォトマルチプライヤーに変えている[30]．位相の測定は標準信号との比較で行っている．データーはディジタルに記録される．被検レンズはコリメーターレンズ 2,000 mm を用い，焦点距離 26〜100 mm の範囲，500 mm を用いて焦点距離 6.5〜25 mm の範囲が測定される．レンズ

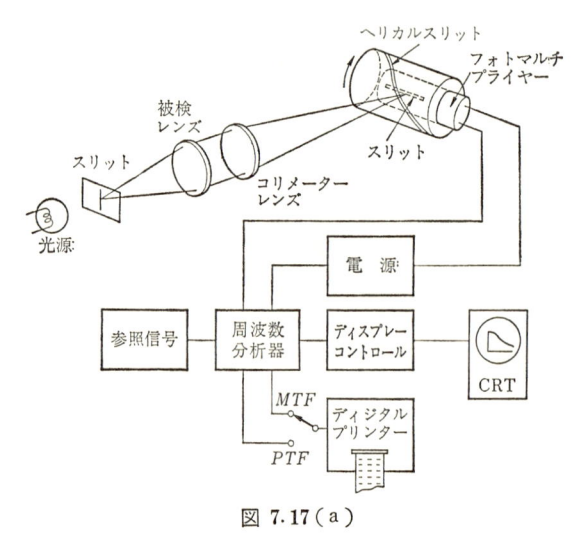

図 7.17(a)

7.7 OTF 測定機

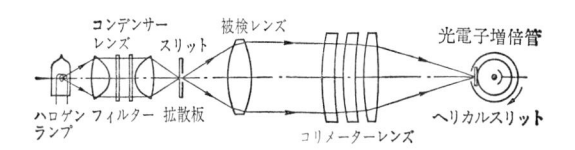

光学系

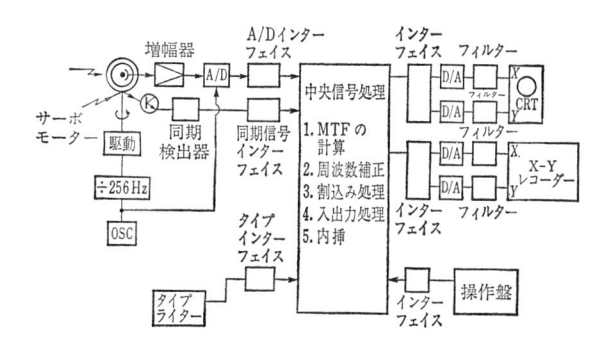

(b) 信号処理系

(c)

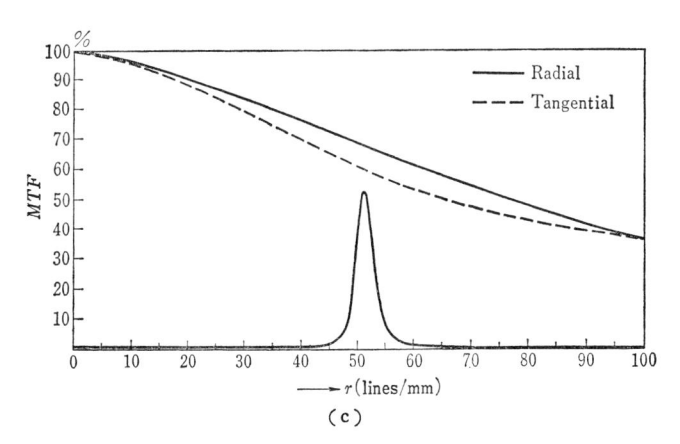

図 7.17 キャノン レンズ アナライザー(朝枝 剛ほか：光学, 3 (1974), 140).
(a) 1-A 型 の光学系および信号処理系，(b) LA-G 10 型 の光学系と信号処理系，(c) LA-G 10 型の出力記録.

の明るさは $F/0.7 \sim 10$ まで白色,をよび単色で測定できる.空間周波数は $5 \sim 100$ lines/mm まで 5 lines/mm おきに 20 点測定でき,その所要時間は 60 秒である(位相を測定しない場合は 30 秒).誤差は公称 3 % といわれている.

LA-G 10 型[31]ではフィルターによるアナログフーリエ変換を Fillon-Fast Fourier Transform のアルゴリズムを用い,ディジタルに行うようにしている.このため 4K ワーズのミニコンピューターが付属されている.装置の光学系は 1-A 型と同じであるが,走査部以後の信号処理部が図 7.17 (b) のようにコンピューターにおきかえられている.線像の強度分布,MTF を CRT 上に表示できるほか,X-Y レコーダーにこれらを記録することもできる.図 (c) はその記録の一例である.このように計算機を専有していると物体スリット幅,走査スリット幅,軸外の場合の周波数補正などが自動的に行える.またテレタイプから測定に必要なパラメーター,測定したい量,表示方式を指示することができ,単に測定の機能化ばかりでなくデーター処理を機能的に行えるようにすることができる.コリメーターレンズは $250 \sim 2,400$ mm までの 4 種類を用い,被検レンズの焦点距離は $5 \sim 200$ mm(物体距離無限)$5 \sim 500$ mm(物体距離有限)のものについて周波数 $0 \sim 250$ lines/mm まで測定できるようになっている.F ナンバーは単色光で $F/0.8 \sim 8$,白色光(ハロゲンランプと光電管の分光感度 S-20 の組み合わせ)で $F/0.8 \sim 11$ となっている.操作時間は 1 秒,誤差は公称 1 % といわれている.

D. ニコンシェヤリング干渉計

瞳関数の自己相関法による OTF 測定機はその提唱者である H. H. Hopkins[9] の研究室で Twyman-Green 型の干渉計を基礎にした装置が開発され,L. R. Baker[32], M. De[33], D. Kelsall[34] らにより改良がすすめられた.干渉計では空気のかく乱を避けるためには Common path にするのが望ましいが,2 枚の鏡を平行に配置し,ちょうど Mach-Zehnder 型干渉計を 2 台接続した形のものにした A. I. Montgomery[35] の工夫もあるが,§7.4 で述べた偏光を利用した鶴田[10]の方法が最もすぐれた方法といえよう.瞳の横ずれ量を 0 からある値まで連続的に変えるために,§7.4 で述べた改良サバール板といま一つ

7.7 OTF 測 定 機

のサバール板の組み合わせを用い，また，サバール板から出るシェヤーしている二つの波面の位相差 δ を時間的に変えるために，セナルモン補償器の検光子を一定速度で回転している．図 7.18 はこの装置の光学系を示す．逆投影法でスリット（幅 3 μm，長さ 0.1 mm）を被検レンズの焦点面に置く．光束の径はアフォーカル系で縮少され改良サバール板 Q_1，Q_2 にはいる．Q_4 はセナルモン補償器の $\lambda/4$ 板で検光子 P_2 は 15 Hz で回転している．

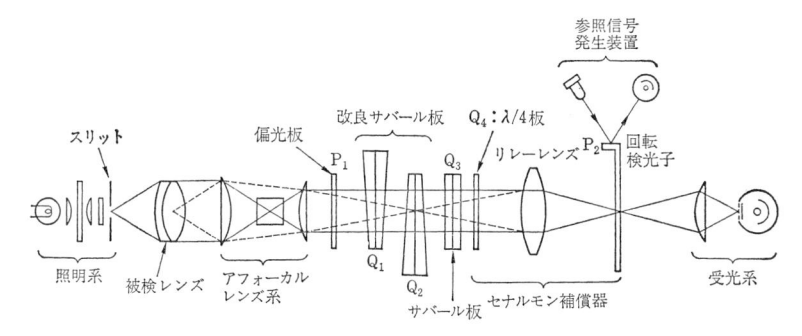

図 7.18 ニコンシェヤリング干渉計の光学系（T. Tsuruta[10]）

セナルモン補償器を通る光はフォトマルチプライヤーで受光される．このとき δ による明暗変化は 30 Hz である．位相を検出するための標準信号は P_2 の外側に取り付けられた鏡からの反射光を光電管に受けて取り出している．

被検レンズの焦点距離 20～150 mm，空間周波数は 0～50 lines/mm，誤差は 3％，位相については 5％と称している．

この装置の特色は正規化された OTF が正しく求められることと，極低周波の OTF が求まることである．また簡単なアタッチメントをつけることにより波面のシェヤリング干渉パターンを観測することができ，波面の横収差が求められることである．

E．その他

以上各測定法に基づく代表的な実用機について紹介したが，このほか，特殊目的のための種々の測定機も実用に供されている．たとえば，特定周波数の利得をデフォーカスを X 軸，画角を Y 軸として X–Y レコーダーに記録するもの

や[36]），特定周波数の利得のみを検出し標準レンズとの比較を行う検査用のもの[37]などがある．またエッジ走査法によるものもキャノンで試作されている．

図 7.19 にキャノンのエッジレスポンス測定機を示す．これは electro-dynamic vibrator を用いて線像を走査するものでピッチ 20 nm で 1,000 点の測定点をとり IBM 360/44 あるいは TOSBAC 3400 でこれを微分し，さらにフーリエ変換するものである．測定時間は 10 分である．

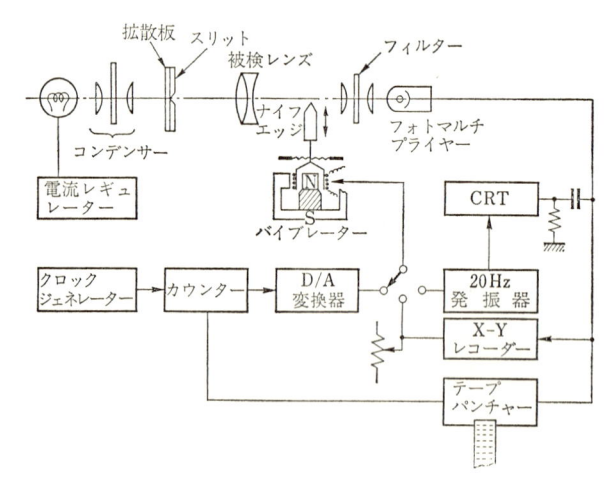

図 7.19　エッジレスポンス測定機の光学系と信号処理系

7.8　測定機精度の比較

計算法の比較試験の項でも述べたが，JOERA, Sira, GSI[†][38] などでは測定機の精度比較試験を行っている[39]．前節の各実用測定機は公称誤差をいずれも3％とか5％といっている．しかし，これはおもに機械精度を別にした OTF の利得についての値である．

図 7.20 は Sira の比較試験の一例である[40]．50 mm 平凸レンズ $F/8$ を用い，各国（主としてヨーロッパ，アメリカ）の 9 種類 16 台について測定している．

---

† GSI：German Standards Institution. ここでは 1968 年から光学系の性能評価委員会をつくり OTF 測定の標準化の研究をしている．

図は軸上の測定値のバラツキを示すもので約 10% 近くある．軸外になるとさらに大きく, 20% 近くのバラツキの幅を示している．

このテストではレンズの取り付け誤差，像面位置決定の誤差，軸外像点の位置決めの誤差などすべての誤差がはいっている．もちろん軸上では測定方位（アジムス）で OTF が違うということはなさそうに考えられるが，実際は 2′ 程度のレンズの取り付け誤差があると方位によって違ってくる．また，軸外の場合もレンズを右に振

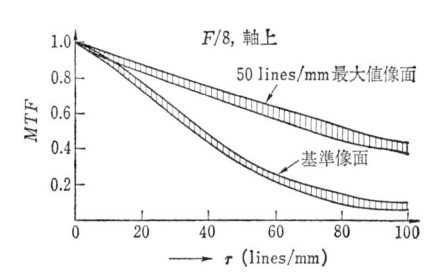

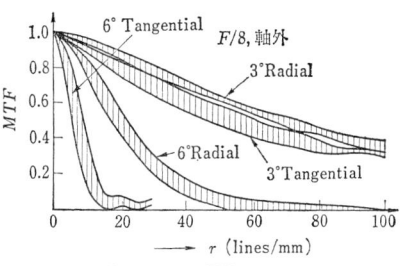

図 7.20 Sira の MTF 測定機の国際比較 (T. L.Williams et al.[42])

った場合と左に振った場合，同一結果を得ることは実際問題としてなかなか容易ではない．このような測定機の機械部分の精度によって図のようなバラツキが生じたものである．JOERA の C-4 型もこのテストに参加し，ほぼ満足する結果を得たことが報告されている[41]．

Rochester 大学の R. E. Hopkins もアメリカにおける測定機の比較試験を行っている[42]．焦点距離 3″, $F/4.5$, 像面サイズ 5″×5″ のレンズを用い，特に像面の位置決めに注意を払った測定を工夫して行っている．8 箇所の測定機で比較しているが，結果は Sira の比較実験と同様に 10% 以上のバラツキがあることを報告している．

図 7.21 は JOERA による国内の比較測定結果の一例である．テストレンズはテッサー型 50 mm $F/2.8$ を用いている．

5 台の C-4 型について特定周波数の利得を焦点はずれの収差について比較したものである．このテストでは像面位置決定の誤差を避けることができる．バラツキは数%内にはいっている．同様の比較を各種の測定機について行い,

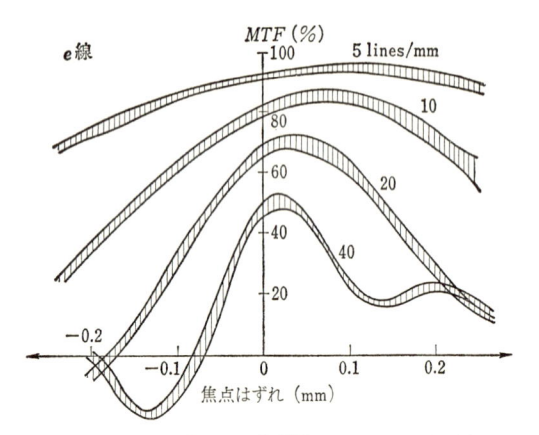

図 7.21　JOERA の MTF 測定機の国内比較
(JOERA 技術資料, 6 (1968), 14)

いずれもバラツキは5％以内であることが報告されている．これは前に述べた諸外国の例と比較して，平均して非常によい精度のものであるということができる．

7.9　白色光 OTF

実用レンズは白色光で使用されることが多い．したがって，単色光に対する OTF ではなく白色光に対する OTF が実際のレンズ評価にはより重要であろうということは理解されるところであるが，残念ながらまだ白色光 OTF をどう扱うか確立されているとはいえない．それは，白色光 OTF そのものについての理論的定義は以下に示すように特別むずかしいものではないが，実用面でいろいろの問題を抱えているからである．

　OTF によるレンズ評価のよさの一つは，設計段階でこれが計算で求められるところにある．白色光の場合，その成分単色波長の数だけ計算量が増すのでコストの点で問題がある．また測定では白色光そのものを規定する必要があるが，これがまだ大方のコンセンサスを得られるまでには至っていない．

A. 多色光 OTF の定義

ここでは簡単のために一次元の光学結像を考える．波長 λ の単色光に対する物体の強度分布 $O_\lambda(u)$，光学系の線像の強度分布を $LSF_\lambda(u-\Delta u_\lambda)$，ここに Δu_λ は波長による原点のずれを示す．すると，像の強度分布は

$$I_\lambda(u)=\int_{-\infty}^{+\infty}O_\lambda(u')LSF_\lambda(u-u'+\Delta u_\lambda)du' \tag{7.16}$$

で与えられる．

さらに光源（照明光源）の分光強度分布 $P(\lambda)$，レンズの分光透過率 $T(\lambda)$，受光系の分光感度 $S(\lambda)$ として，これらの積 $E(\lambda)=P(\lambda)T(\lambda)S(\lambda)$ を分光荷重関数とすると，波長 λ_1 から λ_2 まで分布する多色光に対する像の強度は

$$I(u)=\int_{\lambda_1}^{\lambda_2}E(\lambda)I_\lambda(u)d\lambda \tag{7.17}$$

で与えられる．

$I(u)$, $O_\lambda(u)$, $LSF_\lambda(u)$ のフーリエ変換を $i(r)$, $o_\lambda(r)$, $R_\lambda(r)e^{i\phi_\lambda(r)}$ とおくと，式 (7.17) のフーリエ変換は

$$\begin{aligned}i(r)&=\int_{\lambda_1}^{\lambda_2}E(\lambda)i_\lambda(r)d\lambda\\&=\int_{\lambda_1}^{\lambda_2}E(\lambda)o_\lambda(r)R_\lambda(r)e^{i[\phi_\lambda(r)-r\Delta u_\lambda]}d\lambda\end{aligned} \tag{7.18}$$

いま，物体が均等拡散面であると仮定すると $o_\lambda(r)$ は波長に無関係となり，積分の外にだせる．これを $o(r)$ とし，また

$$R(r)=\int_{\lambda_1}^{\lambda_2}E(\lambda)R_\lambda(r)e^{i[\phi_\lambda(r)-r\Delta u_\lambda]}d\lambda \tag{7.19}$$

とおくと，式 (7.18) は

$$i(r)=o(r)R(r) \tag{7.20}$$

と書ける．

いうまでもなく，この $R(r)$ は多色光に対する光学系の空間周波数特性を示すものである．

多色光に対する線像の全光量は

$$I_0 = \int_{\lambda_1}^{\lambda_2} E(\lambda) LSF_\lambda(u - \varDelta u_\lambda) d\lambda$$
$$= \int_{\lambda_1}^{\lambda_2} E(\lambda) R_\lambda(0) d\lambda$$

したがって，$R(r)$ をこれで正規化した OTF は

$$OTF(r) = \frac{\int_{\lambda_1}^{\lambda_2} E(\lambda) R_\lambda(r) e^{i[\phi_\lambda(r) - r\varDelta u_\lambda]} d\lambda}{\int_{\lambda_1}^{\lambda_2} E(\lambda) R_\lambda(0) d\lambda} \tag{7.21}$$

で定義される．

ここで定義された OTF は均等拡散面物体に対してのみ物理的な意味をもつもので，色彩構造をもつ物体に対しては別に色彩論的な考慮のもとに定義しなおさねばならない．

B. linear 分散光学系の多色光 OTF

波長が変わることによる線像の横ずれ量 $\varDelta u_\lambda$ は分散光学系の波長特性（色収差）で決まるもので，一般に波長に対して複雑な関数となると考えられる．しかし，もしこれが λ の冪級数で近似できるとすると，その最低次の近似として linear 分散を考えることも無意味ではない．そこで $\varDelta u_\lambda$ として適当な中心波長 λ_0 を選び

$$\varDelta u_\lambda = u_0 - \varepsilon(\lambda - \lambda_0) = u_0 - \varepsilon\nu$$

を仮定する．この λ_0 に対して $E(\lambda)$ を $E(\nu)$ で書きなおすと

$$OTF(r) = \frac{e^{-iru_0} \int_{\nu_1}^{\nu_2} E(\nu) R_\nu(r) e^{i[\phi_\nu(r) + r\varepsilon\nu]} d\nu}{\int_{\nu_1}^{\nu_2} E(\nu) R_\nu(0) d\nu}$$

となる．

上式の分子は $E(\nu) R_\nu(r) e^{i\phi_\nu(r)}$ の ν についてのフーリエ変換の形をしている．このことは横ずれのための OTF の変化は $E(\nu)$ の広がりが既知であれば，OTF への影響をある程度解析的に推定することができることを示している．

簡単な例として，単色用干渉フィルターを用いて OTF を測定する場合を考

7.9 白色光 OTF

えてみよう.金属膜でスペーサーをはさんだ干渉フィルターの透過率は,中心波長を λ_0 とし,$\nu/\lambda_0 \ll 1$ のとき一般に近似的にはローレンツ分布で表わせる.

$$F(\nu) = \frac{b}{a^2 + \nu^2}$$

ここに

$$a^2 = \frac{(1-R)^2}{4R\left(1-\frac{1}{\lambda_0^2}\right)}, \quad b = \frac{T^2}{4R\left(1-\frac{1}{\lambda_0^2}\right)}$$

R, T はそれぞれフィルターの金属膜の振幅反射率,透過率である.

もし,このフィルターの中心波長 λ_0 の近傍で $R_\nu(r)$, $T(\nu)$, $P(\nu)$, $S(\nu)$ がほぼ一定であるとすると,$E(\nu) = F(\nu)$ であるから

$$OTF(r) = OTF_{\nu=0}(r) M(\varepsilon r)$$

と書ける.ただし

$$OTF_{\nu=0}(r) = \frac{R_{\nu=0}(r) e^{i(\phi_{\nu=0}(r) - ru_0)}}{R_{\nu=0}(0)}$$

$$M(\varepsilon r) = \frac{\int_{\nu_1}^{\nu_2} E(\nu) e^{+i\varepsilon r\nu} d\nu}{\int_{\nu_1}^{\nu_2} E(\nu) d\nu}$$

である.

$OTF_{\nu=0}(r)$ は波長 λ_0 に対する単色光 OTF,$M(\varepsilon r)$ は直線形分散のための減衰項である.

ここでローレンツ分布のフーリエ変換は,公式

$$\int_{-\infty}^{\infty} \frac{b e^{i 2\pi \varepsilon r \nu}}{a^2 + \nu^2} d\nu = \frac{b}{a} \pi e^{-2\pi a |\varepsilon r|}$$

より

$$M(\varepsilon r) = e^{-2\pi a |\varepsilon r|}$$

を得る.ただし,ν_1, ν_2 はフィルターの半値幅より十分大きいと考える.

ローレンツ分布の半値幅は $2a$ であるから,この減衰項 $M(\varepsilon r)$ は半値幅によって exponential に変化することがわかる.

いま $e^{-0.1} \fallingdotseq 0.9$ より $M(\varepsilon r)$ が 10% 低下する場合の横ずれ量を推定してみると, $2\pi a \varepsilon r = 0.1$ より

$$\varepsilon = \frac{1}{20\pi ar}$$

波長間隔 $\varDelta \lambda$ の二つの特定波長に対する分散による相対的横ずれ量を d とおくと, 分散係数 $\varepsilon = d/\varDelta \lambda$ であるから, これを上式に代入して

$$d = \frac{\varDelta \lambda}{20\pi ar}$$

を得る.

たとえば, C線とg線を特定波長に選ぶと $\varDelta \lambda = 220$ nm である. またフィルターの半値幅 20 nm とすると $a = 10$ nm である. したがって, $r = 10$ lines/mm のときは, 上式より $d = 35$ μm となる. 半値幅 a が狭いほどこの許容横ずれ量は大きくなることはいうまでもない. これはできるだけ半値幅の狭いフィルターで単色光源をつくることが, わずかな色収差(特に偏心によって生ずる色収差)に対しても測定誤差を少なくするのに有効であることを示している.

C. 多色光 OTF の近似計算

以上は最低次の近似として直線形分散の場合を議論したが, 一般に色収差があるときはそれぞれの波長に対する OTF を原点のずれ $\varDelta u_\lambda$ を考慮して式 (7.21) を数値積分することになる. 図 7.22 は特定周波数の OTF の分光特性を計算したものである. これは写真レンズであって d 線と g 線で色補正をし

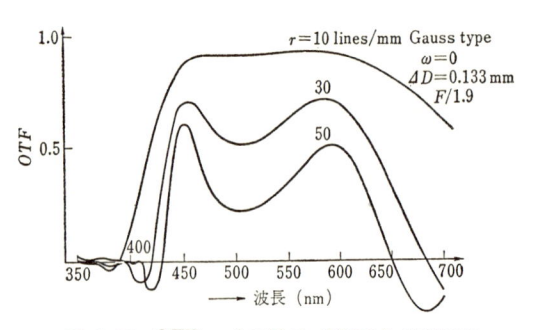

図 7.22 OTF の分光特性 (JOERA 技術資料)

7.9 白色光 OTF

ているので，OTF のピークがここに現われている．$E(\lambda)$ を白色に近いと考えると，可視波長範囲でこの OTF_λ を積分することになる．これは色の計算と同じであり，少なくとも波長間隔 10 nm で計算する必要がある．一方，設計では通常スペクトル C(656.3 nm)，d (587.6 nm)，e (546.1 nm)，F (486.1 nm)，g (435.8 nm) 線などの基準波長についてのみ計算しているから，ほかの波長についてはガラスの屈折率を分散特性から内挿して，改めて OTF を計算しなければならない．したがって，色と同程度の積分の正確さで多色光 OTF を求めるには膨大な計算量を必要とすることになる．図 7.22 に示した OTF の波長特性は写真レンズにおける色収差の定石に従ったものである．したがってレンズの形式，種類が違っても定石どおりの色収差補正を行えば，だいたい図 7.22 と同じ傾向の OTF 波長特性が得られることが予想される．このことは適当な数種の波長の光を規準に選べば，多色光 OTF もそう大きな誤差なしに求められるのではないかという期待がもてる．この期待のもとに，設計分野では多色光 OTF 計算法が種々検討されている[†]．

図 7.23 に示すように分光荷重関数 $E(\lambda)$ を選択波長（図では C, d, e,

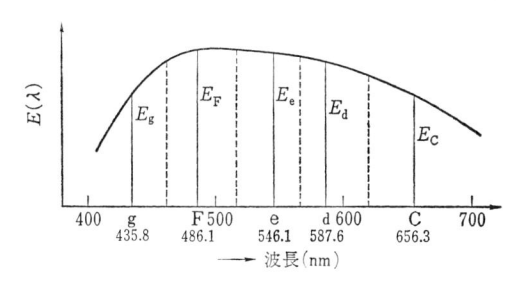

図 7.23 規準波長に対する分光荷重関数

F, g の 5 波長を選んでいる）の中間で分割し，おのおのの面積を選択波長の重み E_C, E_d, E_e, E_F, E_g とし，選択波長に対する OTF 値を R_C, R_d, R_e, R_F, R_g として多色光 OTF を

[†] 光学工業技術研究組合の光学技術委員会の中に昭和 51 年から「白色光 OTF プロジェクトチーム」が組織され研究されている．なお「レンズ標準化プロジェクトチーム」は白色光 MTF 測定実験を昭和 51 年から昭和 53 年にかけて行った．

$$OTF_W(r) = \frac{E_C R_C + E_d R_d + E_e R_e + E_F R_F + E_g R_g}{E_C + E_d + E_e + E_F + E_g}$$

で近似的に求めることが工夫されている．図 7.23 では5波長の例を示したが C, d, e, F, g, h の6波長，b, C, d, e, F, g, h の7波長の場合も工夫されている．

D. OTF 測定機のスペクトルレスポンス

分光荷重関数 $E(\lambda)$ はすでに示したように光源の分光強度分布 $P(\lambda)$, レンズの分光透過率 $T(\lambda)$, 受光系の分光感度 $S(\lambda)$ の積である．$P(\lambda)$ は照明の標準の光が基準になるが，何を選ぶかによって異なる．レンズの透過率はレンズの使用ガラスならびに，コーティングの状態でかなり異なる．これだけでも colar contribution index として議論されている．また $S(\lambda)$ も眼，写真感光材料，光電変換素子のそれぞれの分光感度で違っている．したがって $E(\lambda)$ は厳密にいえば，レンズの使用状態に合わせてその都度決めるしかない．

OTF によるレンズ評価の良さはなんども繰り返すように設計でも求まるし，測定もできることにある．しかし，多色光 OTF にこの良さを生かすには $E(\lambda)$ が計算と測定で同一であることが必要である．

計算では実用の条件を想定して $E(\lambda)$ を仮定することはできるけれども，測定では測定法が現在ほとんど光電測光に依存しているから，これを自由に変えることはできない．そのため，もし OTF の上記の利点を生かして白色光 OTF の分光荷重関数を決めるとするならば，測定機の荷重関数に近づける以外に手段はない．

図 7.24 はわが国で現在働いている OTF 測定機の光源の分光強度分布 $P(\lambda)$ と受光器の分光感度 $S(\lambda)$ の合成荷重関数を示したものである．これを測定機のスペクトルレスポンスという．図の曲線 A は白熱電球（ほぼ CIE A光源に近い）と分光感度 S-4 タイプの光電子増倍管の組み合わせであり，赤色のほうのレスポンスはかなり低下している．ほかの B, C, D, E はハロゲン光源と分光感度 S-20 タイプの光電子増倍管の組み合わせであり，赤のほうのレスポンスはかなり改善されている．しかし，同じ組み合わせでも測定機によって

7.9 白色光 OTF

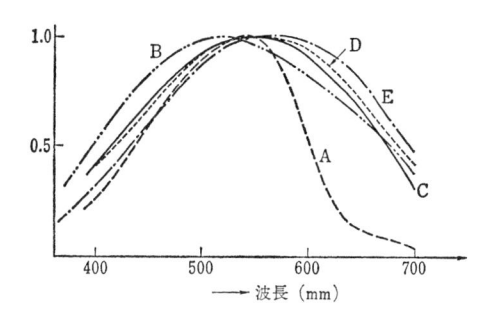

図 7.24 OTF 測定機（国内）のスペクトル
レスポンス (JOERA 技術資料)

かなりの差がある．

このスペクトルレスポンスを表示する一方法として，相関色温度の使用が提唱されている[43]．

これは，このスペクトルレスポンスをもし眼で観測したらどのような色相に

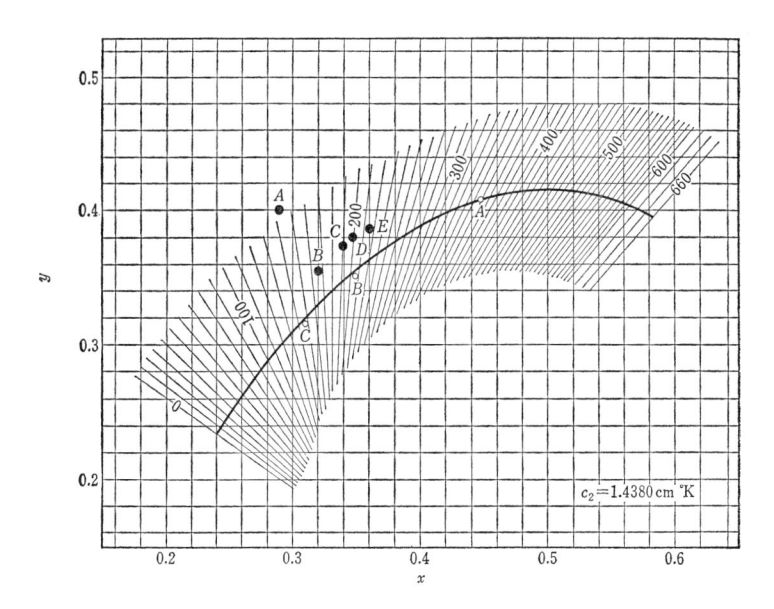

図 7.25 OTF 測定機のスペクトルレスポンスの相関色温度

なるかをみるもので，色度図上にプロットしたのが図 7.25 である．この図は Kelly[44] が相関色温度を示すために製作した図であり，これから色温度を読み取ったのが表7.1である．この表では比較のためほかの光源の色温度も示してある．

表 7.1 スペクトルレスポンスの相関色温度

スペクトルレスポンス $T(°K)$		CIE 標準光源 $T(°K)$		螢 光 燈 $T(°K)$	
A	7042	C	6740	昼白色	6500
B	6024	D_{65}	6500	冷白色	4200
C	5263	B	4870	白 色	3500
D	5050	A	2854	温白色	3000
E	4630				

CIE Standard source と螢光燈の相関色温度は Wyszecki[†] を参照した．

結局，実現可能な白色光 OTF は相関色温度が D_{65} に近いスペクトルレスポンスを示すフィルターをかけて測定するということになろう．そして，計算もこのスペクトルレスポンスを分光荷重関数として用いることになろう．

文 献

1) J. W. Coltman : *J. Opt. Soc. Am.*, **44** (1954), 468.
2) R. L. Lamberts : *ibid.*, **48** (1958), 490.
3) 小瀬輝次：東京大学生産技術研究所報告, Vol. 11, No. 4 (1961).
4) T. Ose, M. Takashima and I. Yamaguchi : *Jpn. J. Appl. Phys.*, **4**, Supplement, 1 (1965), 154.
5) M. E. Rabedeau : *J. Opt. Soc. Am.*, **59** (1969), 1309.
6) B. Tatian : *ibid.*, **61** (1971), 1214.
7) M. Takeda and T. Ose : *Optica Acta*, **21** (1974), 477.
8) M. Takeda and T. Ose : *J. Opt. Soc. Am.*, **65** (1975), 502 ; 武田光夫, 朝枝 剛, 山口意颯男, 小瀬輝次：光学, **3** (1974), 341.
9) H. H. Hopkins : *Optica Acta*, **2** (1955), 23.
10) T. Tsuruta : *Appl. Opt.*, **2** (1963), 371 ; *J. Opt. Soc. Am.*, **53** (1963), 1156.

† G. Wyszecki and W. S. Stiles : "*Color Science*" *Concepts and Methods, Quantitative Data and Formulas* (John Wiley and Sons, 1967).

11) H. Kubota and H. Ohzu: *J. Opt. Soc. Am.*, **47** (1957), 666.
12) K. Matsumoto and T. Ose: *Jpn. J. Appl. Phys.*, **7** (1968), 621.
13) K. Murata and H. Fujiwara : *Application of Holography*, Edited by E. S. Barrekette *et al.*, p. 69 (Plenum, 1971).
14) E. Ingelstam, F. Djurle and B. Sjögeen: *J. Opt. Soc. Am.*, **46** (1956), 707.
15) D. R. Herriott: *ibid.*, **48** (1958), 968.
16) W. N. Sproson: *Proc. Summer School* (1958), 126.
17) O. H. Shade: *NBS Circular*, **526** (1954), 231 ; D. W. Epstein *et al.* : Contruct, N 60 nr 23605 (1952), RCA Lab. Div.
18) E. Hutto: *J. SMPTE*, **64** (1955), 133.
19) K. Rosenhauer and K. J. Rosenbruch: *Optica Acta*, **4** (1957), 21 ; *ibid.*, **6** (1959), 234.
20) 小穴純他：カメラ工業技術研資料, Vol. 23 (1950).
21) K. Hacking: *Nature*, **181** (1958), 1158.
22) P. Lindberg: *Optica Acta*, **1** (1954), 81.
23) J. Simon: *Revue D'Optique*, **46** (1967), 188.
24) J. Pouleau: *ibid.*, **46** (1967), 202.
25) 村田和美：応用物理, **28** (1959), 276.
26) H. D. Polster: *Eng. Rep.*, Perkin Elmer (1955).
27) K. G. Birch: *Optica Acta*, **5** (1958), 271.
28) 佐柳和男：応用物理, **27** (1958), 636.
29) K. Rosenhauer and K. J. Rosenbruch: *Z. Instr.*, **67** (1959), 179.
30) Y. Matsui and K. Murata: *Optica Acta*, **18** (1971), 149.
31) 朝枝 剛, 渡辺朝雄：光学, **3** (1974), 140.
32) L. R. Baker: *Proc. Phys. Soc.*, **B68** (1955), 871.
33) M. De: *Optica Acta*, **4** (1957), 45.
34) D. Kelsall: *ibid.*, **5** (1958), 266 ; *Proc. Phys. Soc.*, **73** (1959), 465.
35) A. L. Montgomery: *J. Opt. Soc. Am.*, **54** (1964), 191.
36) K. Murata: *Progress in Optics*, Vol. V, p. 240 (North-Holland, 1966).
37) 光学工業技術研究組合技術資料, Vol. 6, No. 9 (1969).
38) P. Kuttner: *Optica Acta*, **22** (1975), 265.
39) 小瀬輝次, 中村泰三：コンタクト, Vol. 9, No. 4 (1971), 18.
40) T.L. Williams: Proc. SPIE Seminar on MTF (1969), 196 ; T. L. Williams and A. Ashton: *Appl. Opt.*, **8** (1969), 2007.
41) 光学工業技術研究組合技術資料, Vol 7, No. 15 (1970).
42) R. E. Hopkins and D. Dutton : *Optica Acta*, **18** (1971), 105.

43) 小瀬輝次：光学, **6** (1976), 215.
44) K. L. Kelly: *J. Opt. Soc. Am.*, **53** (1963), 999.

8

OTF によるレンズ評価法

　レンズの性能には機能的な性能と結像の性能がある．機能的性能とはレンズの幾何光学的結像機能を示すもので，焦点距離，口径比，画角などで表示される．結像性能は像の良さを示すもので，収差，解像力，OTF などで表示される．

　機能的性能を示す焦点距離を考えてみると，これはレンズの光束収斂性，ならびに幾何光学的結像はこれでもってすべて代表される．これは合成レンズ系の結像もこれを用いれば薄肉単レンズの結像と同等であるということにある．一方，レンズの結像性能の表示にはこのような基本的な量がないことが問題を複雑にしている原因である．もちろん基本的な量に相当するものがないわけではない．たとえば像の強度分布は物体のそれと点像の強度分布のコンボリューションで与えられるから，基本的な量は点像の強度分布である．これは空間周波数領域で考えれば，像のスペクトルは物体のスペクトルに OTF をかけたものであるから OTF が基本量である．このように OTF と点像の強度分布とは基本量としては全く等価のものであるが，問題はこれらをどう表示するかということにある．もし点像強度分布がすべてガウス分布で近似できるならば，その半値幅をちょうど機能的な性能を示す焦点距離と同様に用いることができる

はずである．しかしこのようなことは実際には無理であるので，表示としてはその広がりや中心強度を用いることになる．このように特定な量を抽出して表示に用いるということは多数の情報の中から一つを選ぶことであって，当然抽出のしかたでその表示量の示す性質も異なってくる．OTF についても全く同様の事情がある．

表示ができれば物理的評価もできるはずである．ところが，一般の評価量は単一尺度であることが望まれる．そこで，上記のように点像強度分布をその広がりや中心強度で表示したものはそのまま評価量として用いられる．一方 OTF は物理的表示量にすぎないから，さらに評価量としてはこれを一次元量になおす工夫が必要である．この場合 OTF は比較的自由に評価量が得られるので複雑とはなるが，自由度があるということが特色でもある．

以下従来の点像に基づく評価量を OTF と比較した後で OTF による評価量を述べ，最後にこれら評価量を比較してみよう．

8.1 点像強度分布に基づく評価

点像の強度分布の表示としては中心強度，半値幅，裾の広がり，また特定物体の像から判定するものがある．

A．点像の裾の広がりによるもの

これは幾何光学的な錯乱円の考え方に基づくもので，Airy disc のように二次元的強度分布を一様な輝度分布の円板とみなすものである．

像面上の錯乱円についてはその直径により definition が決められている[1]．

  25 μm 以下 sharp definition
  100 μm 以下 good definition
  250 μm 以下 soft definition

この錯乱円の逆数は格子の解像限界を与えるとされている．それは，格子像は物体格子と錯乱円のコンボリューションであるから錯乱円の半径 ρ_0，格子の幅 d とすると1本の格子は裾では $d+2\rho_0$ と広がる．格子間隔 L とすると二つの隣り合う格子の裾が重なり合うとき，その重なりを $\varDelta$ とすると

8.1 点像強度分布に基づく評価

$$\mathit{\Delta}=d+2\rho_0-L$$

いま，$\mathit{\Delta}=L$ のときにコントラストはなくなると仮定すると

$$\rho_0=\frac{2L-d}{2}$$

格子が白黒等間隔の場合は $d=L/2$ であるから，上式より $\rho_0=3L/4$ となる．錯乱円の半径がちょうど格子間隔の 3/4 のときに格子のコントラストが消える．

格子の周波数 $r=1/L$ とすると

$$r=\frac{0.75}{\rho_0} \tag{8.1}$$

これが解像限界の周波数であり錯乱円半径に逆比例する．以上は錯乱円の強度分布を無視したたいへん粗い議論であるが，これを OTF で考えてみると錯乱円の半径 ρ_0 としたときの幾何光学的 OTF は，式 (6.22) より

$$OTF(r)=\frac{2J_1(2\pi\rho_0 r)}{2\pi\rho_0 r}$$

で与えられた．したがって，正弦波格子のコントラストがはじめて消えるのは $2\pi\rho_0 r=1.22\pi$ のときである．これから

$$r=\frac{0.61}{\rho_0} \tag{8.2-a}$$

となる．

また，矩形波格子で考えて式 (7.2) に示した Coltman の式を逆に解いた式

$$M_R(r)=\frac{\pi}{4}\left\{M_s(r)-\frac{1}{3}M_s(3r)+\frac{1}{5}M_s(5r)\cdots\right\}$$

に $M_s(r)=2J_1(2\pi\rho_0 r)/2\pi\rho_0 r$ を代入し，上式の第 3 項まで考えて $M_R(r)=0$ となる r を求めると，$2\pi\rho_0 r=3.8$ より

$$r=\frac{0.604}{\rho_0} \tag{8.2-b}$$

となる．これは正弦波のときとほとんど変わらない．

式 (8.2-a) を用いて definition を空間周波数で表わすと

49 lines/mm 以上　　sharp definition

12 lines/mm 以上　　good definition
5 lines/mm 以上　　soft definition

ということになる．

B．中心強度によるもの

レンズの点像の中心強度の値を無収差のときのそれと比較するもので，ストレールディフィニションといわれる．これを OTF で考えると，式 (2.8) の逆フーリエ変換より点像の強度分布は

$$\left.\begin{aligned}PSF(u,v) &= \frac{A}{2\pi}\iint_{-\infty}^{+\infty} OTF(r,s)\exp[i2\pi(ru+sv)]\,drds \\ A &= \iint_{-\infty}^{+\infty} PSF(u,v)\,du\,dv\end{aligned}\right\} \quad (8.3)$$

で与えられる．

これから点像の中心強度は $u=0,\ v=0$ とおいて

$$PSF(0,0) = \frac{A}{2\pi}\iint_{-\infty}^{+\infty} OTF(r,s)\,dr\,ds \quad (8.4)$$

これは，点像の中心強度は OTF の周波数に関する積分値であることを示している．

したがって無収差のときの OTF の積分値（これは開口だけの関数となる）を B とおくと，**ストレールディフィニション**（Strehl definition, SD と略記する）は

$$SD = \frac{1}{B}\iint_{-\infty}^{+\infty} OTF(r,s)\,dr\,ds \quad (8.5)$$

となる．

ストレールディフィニションは収差が少ないときにのみ適用できるといわれているが，これは図 8.1 に示す焦点はずれ収差の例をみてもわかるように，わずかの収差量でも高周波領域の OTF の利得は図 (a) のように急激に変化するから，この面積を求め図 (b) のように収差量を横軸にとって SD の変化をみる

8.1 点像強度分布に基づく評価

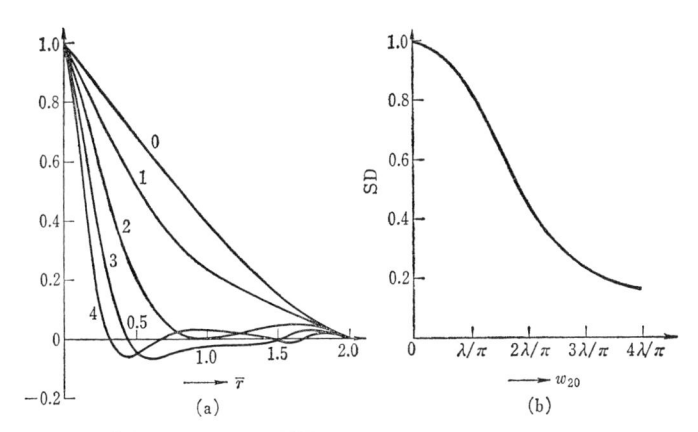

図 8.1 焦点はずれ収差の OTF とストレールディフィニション (SD)
(a) 収差量をパラメーターとした OTF (H. H. Hopkins: *Proc. R. Soc.* London, **A231** (1955), 91), (b) ストレールディフィニション.

と，かなり急激な変化を示す．したがって，収差が数波長以下のときに敏感な評価量であるといえる．後で述べる解像力テストも高周波の利得に敏感であるから，ストレールディフィニションと解像力テストはレンズの評価量としては同じ傾向をもつと考えることができる．

C. エンサークルドエネルギー (encicled energy)

点像の強度が中心からある半径内にどれだけ集中しているかをみるもので，点像を半径 ρ_a の円形開口のマスク上につくり，この開口を通過する光量を測定する．

この評価量は R. E. Hopkins[2] が提唱したものである．図 8.2 に Aero Ektar $F/4$ の例を示すが，マスクの開口 ρ_a を横軸にとり正規化された光量を縦軸にとっている．パラメーターは像面位置である．ρ_a の増加とともに光量が増加するが，この立ち上がりが急峻なほど点像がシャープであ

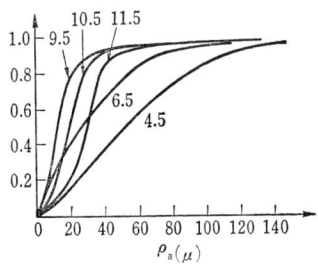

図 8.2 エンサークルドエネルギー
(R. E. Hopkins *et al.*: *NBS Circular*, **526** (1954), 183)

る．すなわち，点像の中心部によくエネルギーが集まっている点像であることを示している．

R. E. Hopkins は多数の実験からこの曲線と解像力テスト（三本線の解像力テストターゲット）の関係を調べ，30% のエンサークルドエネルギーを与える開口半径とフィルムのスポットサイズを用いて解像力を求める実験式を導いている．

これを OTF の観点から考えてみよう．

点像の強度分布 $PSF(u,v)$，マスクの開口の形状を $a(u,v)$ とすると，測定される光量 I は

$$I = \iint_{-\infty}^{+\infty} PSF(u,v) a(u,v)\, du\, dv \tag{8.6}$$

いま，$PSF(u,v)a(u,v)$ のフーリエ変換を $Q(r,s)$ とおく．すなわち

$$Q(r,s) = \iint PSF(u,v) a(u,v) \exp[-i 2\pi(ru+sv)]\, du\, dv \tag{8.7}$$

これは $PSF(u,v)$ のスペクトルを $R(r,s)$，$a(u,v)$ のスペクトルを $A(r,s)$ とおくと

$$Q(r,s) = \left(\frac{1}{2\pi}\right)^2 \iint_{-\infty}^{+\infty} R(r',s') A(r-r', s-s')\, dr'\, ds'$$

とそれぞれのスペクトルの接合積で与えられる．

上式で $r=0$, $s=0$ とおくと

$$Q(0,0) = \left(\frac{1}{2\pi}\right)^2 \iint_{-\infty}^{+\infty} R(r',s') A(-r', -s')\, dr'\, ds'$$

一方，式 (8.7) で $r=0$, $s=0$ とおくと

$$Q(0,0) = \iint_{-\infty}^{+\infty} PSF(u,v) a(u,v)\, du\, dv$$

これは式 (8.6) にほかならない．

したがって，全光量を I_0 とおくと

8.1 点像強度分布に基づく評価

$$Q(0,0)=I=\frac{I_0}{(2\pi)^2}\iint_{-\infty}^{+\infty} OTF(r',s')A(-r',-s')\,dr'\,ds' \quad (8.8)$$

すなわち，エンサークルドエネルギーは $OTF(r,s)$ にある重みをかけて，周波数に関して積分した値であることがわかる．これは後で述べるインフォーメイションボリュームの一種ということになる．

この $A(r',s')$ は円形開口のマスクのときはその半径 ρ_a とすると，式 (6.22) の場合と全く同じで

$$A(r',s')=\pi\rho_a^2\left(\frac{2J_1(2\pi\rho_a\sqrt{r'^2+s'^2})}{2\pi\rho_a\sqrt{r'^2+s'^2}}\right) \quad (8.9)$$

で与えられる．すなわち半径 ρ_a を変えると重みが変わり，それに対するインフォーメイションボリュームということになる．

ρ_a が小さければ，式 (8.9) は r' に無関係にほぼ $\pi\rho_a^2$ となるから

$$I=\frac{I_0\pi\rho_a^2}{(2\pi)^2}\iint OTF(r',s')\,dr'\,ds'$$

これの積分項は中心強度である．これから ρ_a が小さいところでは I は 0 からスタートし，ρ_a^2 に比例して増加する．そして，I-ρ_a 曲線の $\rho_a=0$ における曲率は中心強度に比例する．中心強度は SD に関係するから，SD の高いものほど曲率は大きく，曲線の立ち上がりは急峻であることがわかる．このことは図 8.2 によく示されている．また，ρ_a が十分大きいときはごく低周波では式 (8.9) はデルタ関数に近くなるから

$$A(r',s')=\pi\rho_a^2\delta(r',s')$$

とおくと

$$I=\frac{\pi\rho_a^2}{(2\pi)^2}I_0 OTF(0,0)$$

これは全光量に比例する．しかし全光量に達する近傍では I は ρ_a^2 に比例し，その曲率は極低周波の OTF 値に比例する．すなわち，フレアーが少なく極低周波数での OTF が比較的高い値を示すものは I-ρ_a 曲線の曲率も大であるから急速に全光量に達するが，フレアーが多くて極低周波数の OTF 値が低いものは I-ρ_a 曲線の曲率も小さくゆるやかに全光量に達することになる．この

ことにより，図 8.2 の曲線の傾向はかなり説明することができる．

8.2 特定の物体像による評価

前節は点像の強度分布を表わす手段として，裾の広がり，あるいは中心強度を用いたのであるが，OTF からみると点物体のスペクトルはデルタ関数のそれであるから周波数に無関係に一様であり，最も望ましい物体といえる．しかし具体的な物体について，そのぼけの様子をみて結像性能を判断することも場合によっては大切である．エッジとか平行線パターンがこの目的で用いられている．この場合も像から一つの評価のための量を抽出せねばならず，エッジの場合はそのグラジェント，平行線パターンの場合は平行線が分離して見えなくなるときの周波数（解像本数）といったものが用いられている．

A. エッジ

エッジの場合，図 8.3 のようにその像のグラジェントが用いられる．図 (a) は写真フィルムの場合で強度でなく濃度変化をとっているが，足 A と肩 B の

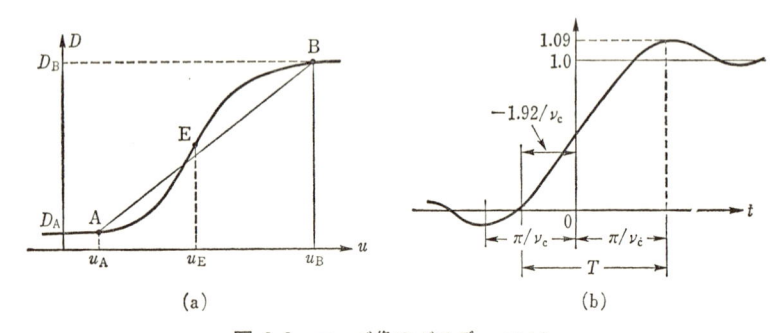

図 8.3 エッジ像のグラディエント
（a）フィルム濃度について，（b）通信系のステップレスポンス．

濃度差 $\Delta D = D_B - D_A$ をボケの広がり $\Delta u = u_B - u_A$ で割って平均グラジェントを求めたり，変曲点の位置（図の E 点）での最大グラジェントを用いたりする．しかし，眼で感じる鮮鋭度には Higgins の acutance が最もよいとされている．

これは u_A, u_B 間を N 個に分割し，その区間内でのグラジェント $(\Delta D/\Delta u)_n$

を求め,その2乗平均

$$\overline{G}_n{}^2 = \frac{1}{N}\Sigma\left(\frac{\varDelta D}{\varDelta u}\right)_n^2$$

を用い,

$$\text{acutance} = \frac{\overline{G}_n{}^2}{D_\text{B}-D_\text{A}} \qquad (8.10)$$

と定義するものである.

　通信系でも入力にステップ関数を入れてその出力の立ち上がりを測定し,系の特性を判断している.これは系の特性がバンドパスであるとき図 8.3 (b) のように0から 1.09 までの立ち上がり時間 T はしゃ断周波数 $\omega_\text{c}=2\pi f_\text{c}$ と

$$T = \frac{5.06}{\omega_\text{c}} = \frac{0.805}{f_\text{c}}$$

の関係があるからである.

B. 平行線格子,その他の図形

　解像力測定用のパターンは図 8.4 に示すように多数の種類がある[3].いずれも図形がそれと見えなくなったときを解像限界といい,その図形の表示値を用いてそれを表示する.これを解像力といっている.たとえば図 (k) のハウレットチャートの場合,中央の白い円がぼけて全体として一様な円板と見えるようになったときを解像限界として,そのときのリングの直径の逆数を解像力と称する.これを空間周波数領域で考えてみると,いま一次元で取り扱い,物体のスペクトル $o(r)$ が $b(r)$ という分布になったとき,もとの物体とはみられなくなったとする.レンズの OTF を $OTF_\text{L}(r)$,フィルムおよび眼の OTF を $OTF_\text{F}(r), OTF_\text{E}(r)$ として,これらがいずれもインコヒーレントでかつ線形に接続されると仮定すると

$$o(r)OTF_\text{L}(r)OTF_\text{F}(r)OTF_\text{E}(r) = b(r) \qquad (8.11)$$

のときに解像限界であると判断される.すなわち,$b(r)$ は解像限界のときのスペクトル分布である.

　もし物体が無限に続く正弦波格子であれば物体のスペクトル $o(r)$ は唯一の周波数成分しかもっていないから,像のコントラストが消えるのは眼のコント

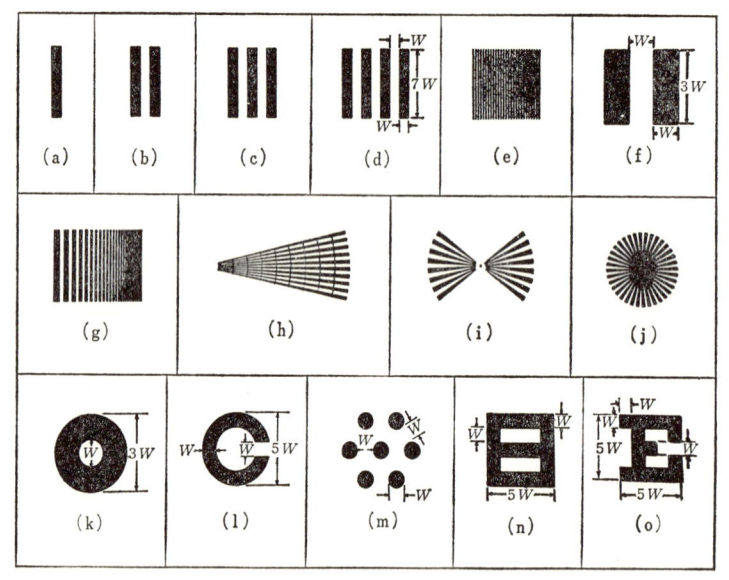

図 8.4 解像力測定用パターン (F. H. Perrin and J. H. Altman[3])
(c) 3本線, (d) 4本線, (e) フーコー (Foucalt), (f) コブ (Cobb), (h) 扇形, (j) ジーメンススター (Siemens star), (k) ハウレット (Howlet), (l) ランドル (Landolt).

ラストに対する閾値を ε として

$$OTF_L(r)OTF_F(r)OTF_E(r)=\varepsilon \qquad (8.12)$$

の場合で, $OTF_F(r)OTF_E(r)$ が ε より十分大きい観測条件にすれば, $OTF_L(r)=\varepsilon$ となり, 解像力はレンズの OTF のしゃ断周波数にごく近い値を示すことになる. しかし, 正弦波格子でもその格子本数が有限本数になるとスペクトル $o(r)$ は連続スペクトルとなる. もちろん, 本数が多ければ多いほど前述のデルタ関数に近づくことはいうまでもない. ところでこのように有限本数のために連続スペクトルになっているにもかかわらず, この図形を表示するのにその図形のもつ基本周波数のみで表示するのが一般である. したがって式 (8.11) はこの場合 $b(r)$ が連続スペクトルであるにもかかわらず, その周波数特性を基本周波数のみで表示するから解像力はレンズの OTF のしゃ断周波数ではなくなってくるわけである.

図 8.4 の図形はどれも連続スペクトルであるから，それぞれの $b(r,s)$ は違っているはずである．したがって解像力は図形によって皆異なり，しかも相互の関連づけもむずかしいことになる．しかし特定の図形については，$b(r)$ とレンズの OTF のしゃ断周波数との関連を見つけることは不可能ではない．しかし，得られた実験式は必ずしも一般的な性質をもつものではないことは，以上の議論から推察することができるであろう．

写真像の場合にはさらに面倒なことがある．それはフィルムの粒状性を考慮する必要があるためである．これについては Selwyn[4] の詳細な研究があるが，Selwyn は 1951 年当時すでに OTF の概念をいだいていた．それは矩形格子も解像ぎりぎりになると正弦波形の格子となり，この場合はコントラストだけを考えればよく，正弦波格子のコントラストを物体と像とで a, a' とすると $a'=a\cdot f(r)$ で与えられ，この $f(r)$ は光学系の特性で決まるとしている．これはまさに OTF そのものである．

さて無限につづく正弦波格子について，Selwyn にならって粒状を考慮した場合を考えてみよう．

正弦波格子をレンズでフィルムに写したときの像のスペクトルは，式 (8.6) で $o(r)\cdot OTF_L(r)\cdot OTF_F(r)$ である．コントラストが小さいとすると，フィルムの濃度でみるときのコントラスト M_D は近似的に

$$M_D = \frac{\gamma o(r) OTF_L(r) OTF_F(r)}{\log_{10} e} \tag{8.13}$$

で与えられる．ここに γ はフィルムのガンマである．

フィルムの粒状性は面積素分 α あたりの濃度のゆらぎの 2 乗平均で表わされ，G を定数として

$$\varDelta = \frac{G}{\sqrt{\alpha}} \tag{8.14}$$

で与えられる．

このフィルムを β 倍に拡大すると眼の網膜上では，面積素分は $\beta^2\alpha$ に拡大され，これが視細胞の面積 α' になったとする（網膜上では視細胞が面積素分となる）．網膜上での粒状性 $\varDelta'$ は

$$\mathit{\Delta}' = \frac{G}{\sqrt{\alpha}} = \frac{\beta G}{\sqrt{\alpha'}} \tag{8.15}$$

となる.

一方, 式 (8.13) で与えられるフィルム上の像は β 倍されるから, 眼の $OTF_\mathrm{E}(r)$ は周波数が $1/\beta$ となり $OTF_\mathrm{E}(r/\beta)$ となる. したがって網膜上での信号の濃度が粒状の濃度と等しくなったとき, すなわち

$$M_\mathrm{D} OTF_\mathrm{E}\left(\frac{r}{\beta}\right) = \mathit{\Delta}' = \frac{\beta G}{\sqrt{\alpha'}} \tag{8.16}$$

となったとき像は解像できなくなる (コントラストは認められなくなる).

もし眼の $OTF_\mathrm{E}(r)$ が倍率に比例すると仮定すると, M_D は観測の倍率に無関係に粒状性のみで決まる定数となる.

レンズを通さず正弦波格子を直接フィルムに焼き付けるときは

$$\gamma o(r) OTF_\mathrm{F}(r) = 定数 = K \tag{8.17}$$

となり, これはフィルム自体のコントラストに対する閾値である.

フィルムの $OTF_\mathrm{F}(r)$ はフィルムにスリットを焼き付けたとき, 乳剤内の光の散乱によってスリット幅よりも実際は幅広く感光される. これを混濁度 (turbidity) という. これはフィルムの線像であるから, これを濃度ではなく有効露光量で測ってフーリエ変換し, $OTF_\mathrm{F}(r)$ が定義されている.

また, 式 (8.12) や (8.17) で, 物体としての正弦波格子 $o(r)$ のコントラストを下げていき, それが閾値 K となるとコントラストが消えるから, もし閾値 K が周波数 r に無関係で一定であると仮定すれば, 各周波数についてコントラストが消えるときの物体のコントラスト $o(r)$ を求めると OTF が得られる. これは閾値を利用した OTF の測定法である. 眼の $OTF_\mathrm{E}(r)$ は, 通常このような閾値法で測定される.

8.3 OTF を用いた評価

前節で述べたように光学系のすべての情報は点像の強度分布の中に含まれているにもかかわらず, これから物理的な評価量を引き出すことはむずかしい.

しかし，数学的には単に点像のフーリエ変換にすぎない OTF は正弦波格子像のピッチとコントラストの関係を示すものであって，物理的な意味をもっている．したがって，OTF から導かれる評価量もまたすべて物理量である．一方このために OTF にはいま一つの課題が課せられることになる．それは解像力では最終判断は人によるので心理的な評価が自然と含まれるのであるが，OTF から導かれる評価量については心理的評価との対応づけを別に行わなければならないということである．

A．OTF の表示

OTF による評価の前にその表示法を簡単に示しておこう．すでに述べたように OTF はレンズの口径比，像面位置，画角，アジムス，さらに用いる光の波長，空間周波数などの関数である．したがって，これらを適当にパラメーターとして組み合わせてすべてを表示すると膨大な量となってしまう．そこで比較的便利な表示法を選んで共通に使用するのが便利ということになる．これはいうまでもなく，OTF がレンズ設計者，レンズ検査者，ユーザーの共通の言語であるということからも重要なことである．わが国では JOERA が中心となって標準表示法[5]というのを検討し，その使用をすすめている．おもなものは図 8.5 に示すように 4 種類である†．

すなわち周波数を横軸にとり，MTF の利得を F ナンバーや焦点はずれをパラメーターとして表わすもの（図 (a)），特定周波数の利得を像高を横軸にとり，周波数をパラメーターとして示すもの（図 (b)），特定周波数の特定利得が像面内でどう変わるかを示すもの（図 (c)），同様に MTF を縦軸，周波数を横軸にとり焦点前後でこれがどう変化するかを表示する（図 (d)）などがある．

これらの表示法からレンズの性能をどう読み取るかということは大切なことであるが，ここでは特定周波数と特定利得の選び方が評価にどうきくかを少し考察してみよう．

図 8.6(b) は軸上球面収差が図 (a) のように補正不足から補正過剰に変わる 5 種類のレンズ ($F/2.8$, $f=50$ mm) について，OTF の利得を周波数をパラメ

---

† これは最近アメリカの規格（ANSI）にも採用されている．

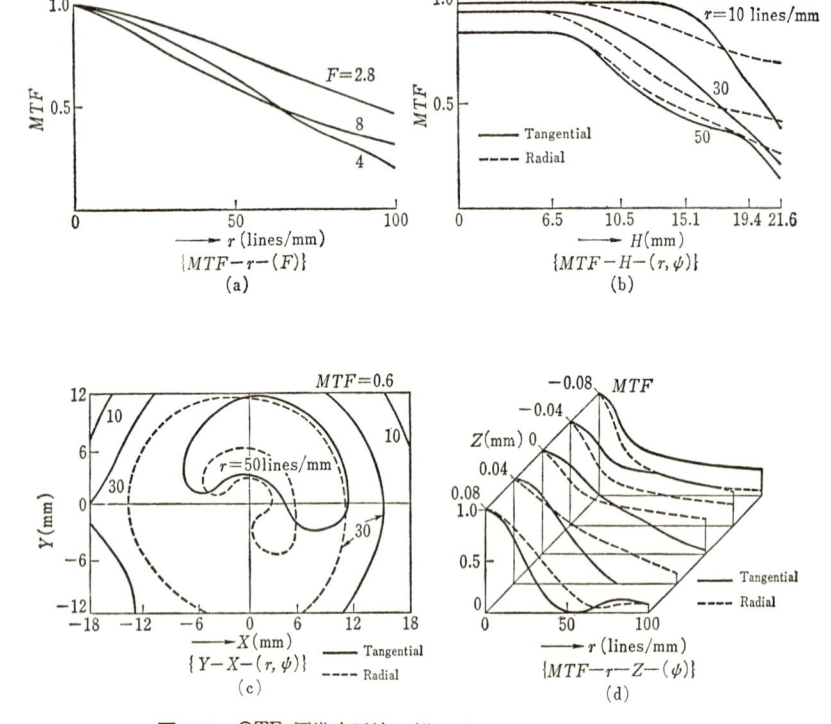

図 8.5 OTF 標準表示法の例（*JOER Circular*, 5 (1975)）

(a) $MTF\text{-}r\text{-}(F)$　r：空間周波数，F：Fナンバー　（JOERA MTF Standard Lens III, $F/2.8/50$, No. 32）．物体距離無限遠，軸上，d線，$F/2.8$, 30 lines/mm で最大 MTF 値を示す像面，波動光学的計算値．

(b) $MTF\text{-}H\text{-}(r,\phi)$（$H$：像高，$\phi$：アジム）．　JOERA MTF Standard Lens III, $F/2.8/50$, No. 32．物体距離無限遠，e線，$F/2.8$, 30 lines/mm で最大 MTF 値を与える像面，幾何光学的計算値．

(c) $Y\text{-}X\text{-}(r,\phi)$（$X$, Y：像面座標），JOERA, MTF Standard Lens III, $F/2.8/50$, No. 31．物体距離無限遠，$F/2.8$, 白色，30 lines/mm で最大 MTF 値を与える像面，$MTF=0.6$, 周波数：10, 30, 50 lines/mm．JOERA C-4 型測定機による測定値．

(d) $MTF\text{-}r\text{-}Z\text{-}(\phi)$（$Z$：像面位置），JOERA, MTF Standard Lens III, $F/2.8/50$, No. 32．物体距離無限遠，軸上，d線，$F/2.8$, 30 lines/mm で最大 MTF 値を与える像面を基準にして像面位置 Z を測る．幾何光学的計算値．

8.3 OTF を用いた評価

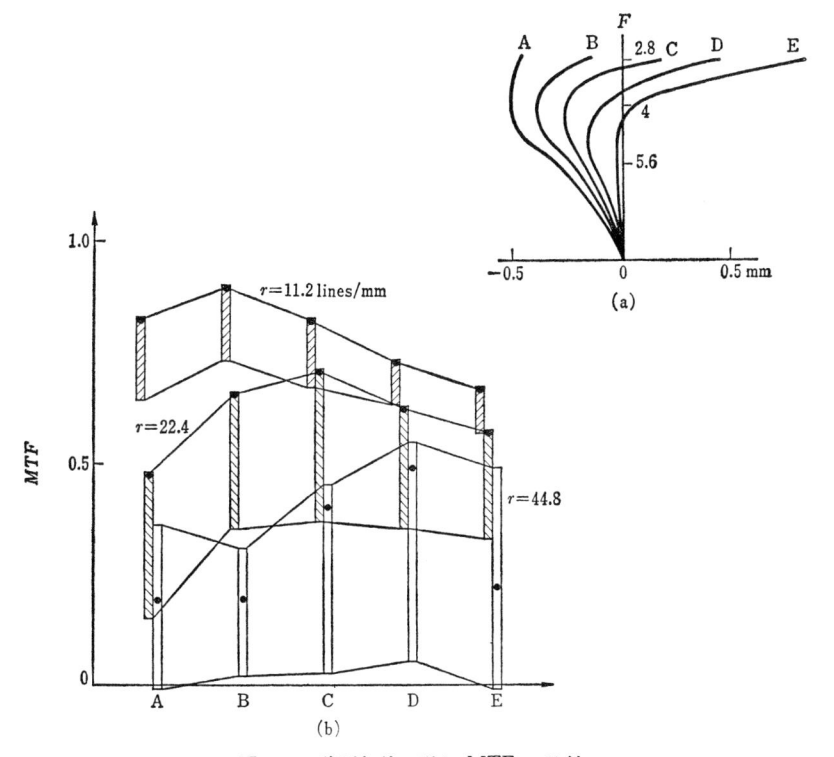

図 8.6 球面収差の形と MTF の比較

(a) 球面収差曲線, (b) 軸上, 周波数 11.2, 22.4, 44.8 lines/mm に対する計算値.
●: ガウス像面位置の MTF 値, □: ガウス像点を中心として軸上 ±0.1 mm 焦点はずれを与えたときの MTF の変化範囲 (JOERA 資料).

ーターとして示したものである．図(b)の横軸は便宜的にレンズの球面収差(図(a)の記号) に応じて並べたものである．利得は像面位置で変化するので，ここではガウス像点を中心として前後 0.1 mm 内での変化を幅として示している．

この図 (b) から周波数を順次高く選ぶと，次第に補正過剰のレンズが高い利得を示すことがわかる．これは，もし利得の高いものをもって良いレンズであるとするならば，周波数の選び方でレンズの収差のタイプが変わることを示している．

撮像管としてビデコンを用いる TV 用レンズの場合は，水平走査周波数

f MHz として光電面上の空間周波数は, $r=4.18f$ (lines/mm) の関係にあるから, f を 4 MHz とすると $r=16$ lines/mm であればよい. このような限界周波数が低周波であれば OTF は通常単調に減衰するから, 最高周波数の利得を注目していれば十分といえる.

一般の写真レンズでは被写体のもつ周波数範囲はかなり広く, TV 用レンズのようにどの周波数に注目したらよいかということは合理的に割り切って考えることが困難である.

しかし, ここで一つ言えることは従来の解像力による評価では高い解像力を示すものを良いレンズとしていたため, 中間の周波数についての配慮がたりなかったことである. これは低コントラストチャートを用いて求めることができるのであるが, 実際には測定しにくくなかなか実行されない. OTF を用いるようになってからこの中間周波数の利得が注目されだしたことは確かで, オーディオと同様忠実性が大切であるということが理解されてきた結果である. これは OTF によってレンズ評価の基本的な考えが変わったことを意味している.

このようなことから, 後で示すメリット周波数のように特定周波数としては, かなり低周波の採用が推奨されている.

特定周波数の利得で評価する場合は, 測定法自身も非常に単純化できるので便利である. 多量生産されているレンズの品質管理には標準レンズとの差異のみを知ればよいから, この特定周波数での評価が用いられている.

JOERA の量産工程用測定機や, 最近 Zeiss が製作しているレンズ検査機もこの考えに基づいてつくられているものである. Zeiss の装置は三つの周波数について軸上および軸外の一点の MTF 値をはかり, 標準値より高ければ青ランプ, 低ければ赤ランプが点燈し, 10 秒で比較検査ができるといわれ, 投影テストに代わって採用されているということである.

特定利得を示す周波数での表示は, ちょうど解像力の表示法と同一である. 特定利得を数%と低くとると解像力に近い値を得ることができるが, 前にも述べたとおりこれだけでは一般的な解像力との対応をつけることはできない.

Rabedeau[6] や Bates は 30% と比較的高い利得を用いているが, これはや

はり中間周波数に対する利得を注目する結果である.

最近,近藤[7] は 35 mm 用交換写真レンズについて絞り開放で 30 lines/mm の MTF 値が最大となる像面位置において,軸上ならびに画面対角長の 7 割の位置 2 点における MTF の最低値をあげて,レンズを簡易評価しようという提案を行っている.なお周波数は 10 lines/mm と 30 lines/mm の 2 種類,絞りも開放と $F/5.6$ あるいは $F/8$ の 2 種類,測定は白色光(ハロゲン電球と S-20 タイプの光電子増倍管の組み合わせ)で行うことにしている.

B. OTF の積分値による評価

OTF はすでに述べたように多数の変数の関数である.その一つの変数について,平均的にどのような特性を示すかを知るために積分がよく行われる.これは評価は単一尺度によるのが便利であるということからもきている.しかし,単なるパラメーター消去のための積分と物理的な意味をもつものとがある.ここでは後者について簡単に解説しよう.

二次元 OTF を極座標で書いて $OTF(\hat{r}, \phi)$ とし

$$Q = \int_{\hat{r}_1}^{\hat{r}_2} OTF(\hat{r}, \phi)\, d\hat{r} \tag{8.18}$$

で定義される周波数についての単純積分値をとる方法がある.通常は一次元 $MTF(\hat{r})$ についてこれを行っている.上限,下限の $\hat{r}_1$, $\hat{r}_2$ を無限大にするとストレールディフィニションとなる.

Sproson[8] は $\hat{r}_1 = 0$, $\hat{r}_2$ をしゃ断周波数にとると,主観的なエッジの鮮鋭度とよい対応がつくといっている.

また

$$N_e = \int |OTF(\hat{r}, \phi)|^2 d\hat{r} \tag{8.19}$$

で定義されるものもある.

電気信号では振幅 $a(t)$ の絶対値の 2 乗とそのスペクトル $A(\nu)$ とは Parsival の定理により

$$\int |a(t)|^2 dt = \int |A(\nu)|^2 d\nu \tag{8.20}$$

の関係にあり,上式は信号の全エネルギーを表わす.もし入力が白色雑音のと

き右辺は等価帯域幅を示す．OTF の場合，入力信号 $a(u)$ は強度で考えているから $|a(u)|^2$ とか $|A(r)|^2$ というのは全く形式の対応にすぎないか，電気系と類似させて式 (8.19) の N_e を定義している．これは Schade[9] らにより提唱されているものである．

いま一つは荷重をかけて OTF を積分するもので，

$$V = \frac{\int_{-\infty}^{+\infty} OTF(\hat{r},\phi) W(\hat{r}) d\hat{r}}{\int_{-\infty}^{+\infty} W(\hat{r}) d\hat{r}} \tag{8.21}$$

積分の上下限は荷重関数 $W(\hat{r})$ を有限範囲に限るので無限大としている．佐柳はこれをインフォーメイションボリューム (information volume) と称し，$W(\hat{r})$ としては受光系の OTF を考えている[10]．すなわち写真感光材の OTF，眼の OTF などを場合に応じて採用する．一般には一次元の場合が考えられるが，二次元のインフォーメイションボリューム V_2 は後に示すように，主観的な鮮鋭度とよい対応がつくことが実験されている．

一次元のインフォーメイションボリュームを V_1 とし，$V_1 = 0.8$ を示す周波数をメリット周波数と称し，前出の特定周波数による評価に用いることが佐柳により提唱されている．表 8.1 にこれを示す．

表 8.1 画面サイズとメリット周波数

画面サイズ (mm)	許容錯乱円 (mm)	(lines/mm)
6×6	0.05	8.05
36	0.035	11.5
16	0.025	16.1
8	0.013	31

そのほか，Linfoot[11] は像の忠実性をみる目的で，それぞれのスペクトルの差の 2 乗平均をとり image fidelity ϕ_A などを提案している．また，竜岡[12] は OTF 値の差を 2 点間の距離という表現を用いて新しい評価量を導いている．

8.4 評価量の比較

前節で述べたように，OTF から導かれる評価量は多数あるがこれらの相互関係はどうなっているのかを JOERA の評価委員会が比較研究を行っているので，これを簡単に紹介しておこう．

8.4 評価量の比較

比較の方法は特徴的な収差をもつレンズを製作し，その OTF を計算と測定で求め，レンズ設計の段階で用いられる評価量，測定した OTF から求める評価量，さらに実写テストによる解像力テスト，投影テストなどの結果を比較したものである．

設計，製作したレンズは図 8.6 (a) に示した（軸上の球面収差）5 種類のレンズで，このうち A と E のレンズは市販レンズの収差よりかなり大きな収差をもっている．

評価量としては，設計段階で用いられるものとしてスポットダイヤグラムから計算される各種のモーメント，すなわち，スポットの座標 $\varDelta u_i$, $\varDelta v_i$ としてこれらの 2 乗和，$\sum \varDelta u_i^2$, $\sum \varDelta v_i^2$, スポットの半径 $\rho_i = \sqrt{\varDelta u_i^2 + \varDelta v_i^2}$ として $\sum \rho_i$, $\sum \rho_i^2$, $\sum 1/(\rho_i + \varepsilon)$, $\sum 1/(\rho_i + \varepsilon)^2$ などである．

ここで ε は，乳剤の粒子半径である．このほかに，スポットダイヤグラムから線像の強度分布を計算し，その中心強度をもってストレールディフィニションとした．

OTF に基づく評価量としては，特定周波数の利得 R_0. ただし周波数は 11, 22, 44 lines/mm の 3 種類を用いている．積分値による評価量としてインフォーメイションボリューム，ただし $W(r)$ としては写真感材の OTF と $W(r) = 1$ の二つを用いている．これらを V_{UF}, V_{U1} と記してある．

さらにこれらの評価量の像面前後，像面内での平均をとっている．像面前後の平均値にはサフィックス z，像面内の平均値にはサフィックス s を付している．

実用的な評価量としては解像力テストと投影テストを行っている．

ある評価量を用いるとき，どのレンズを最もよいとするか良さの順に 1, 2, … と順位をつけ，この順位が評価量でどう変動するかをみることにより評価量の比較を行っている．その結果，表 8.2〜4 に示すように，三つのグループに分かれることがわかった．

第一のグループは表 8.2 に示すように補正不足のレンズをよいとするもので，これは低周波の OTF 値ならびにスポットの距離で評価する場合がこれにはいる．

表 8.2　評価量の順位テスト（Aグループ）

λ	単色光線	多色光	備考
レンズ No.	A B C D E	A B C D E	
R_0	2 1 2 4 5	3 1 2 4 5	$r_0=11$ lines/mm
$\sum_i \Delta u_i^2$	2 1 2 4 5		
$\sum_i \rho_i$	2 1 2 4 5		
$\sum_i \rho_i^2$	3 1 2 4 5		
V_{0S}		3 1 2 4 5	$r_0=11$ lines/mm
V_{0SZ}		3 1 2 4 5	$r_0=11$ lines/mm

表 8.3　評価量の順位テスト（Bグループ）

λ	単色光線	多色光	備考
レンズ No.	A B C D E	A B C D E	
R_0	5 2 1 3 4	5 2 1 3 4	$r_0=22$ lines/mm
V_0	5 1 1 3 4 5 3 1 2 4		軸　上 軸　外
V_{0S}	5 1 2 3 4		$r_0=22$ lines/mm
V_{0SZ}	4 1 1 3 4		$r_0=22$ lines/mm
V_{UFZ}	5 1 1 3 4 5 1 2 3 4		タンジェンシャル ラジアル
V_{UFSZ}	5 1 1 3 4	5 1 2 3 4	$r_c=64$ lines/mm
V_{U1SZ}	5 2 1 3 4	5 2 1 3 5	$r_c=64$ lines/mm
投影テスト		5 3 1 2 5	

表 8.4 評価量の順位テスト（Cグループ）

λ	単色光線	多色光	備考
Lens No.	A B C D E	A B C D E	
R_0	4 5 2 1 2		$r_0=44$ lines/mm
SD	5 3 2 1 4		線像
$\sum_i 1/(\rho_i+\varepsilon)$	5 4 2 1 3		
$\sum_i 1/(\rho_i+\varepsilon)^2$	5 4 2 1 3		
解像力		5 4 3 1 2	

　第二のグループは表8.3に示すように，補正不足，補正過剰ともに悪いとするもので，中間周波数による OTF 値ならびにインフォーメイションボリュームがこのグループにはいる．像面前後，あるいは像面内の平均は結局は順位を変えるまでにはならないことを示している．また，投影テストがこのグループにはいる．

　第三のグループは表8.4に示すように補正過剰をよいとするグループで高周波での OTF 値，Strehl definition，スポットの距離の逆数ならびに解像力テストがこのグループにはいっている．

　以上の結果から，設計ならびに検査で従来よく用いられた評価量（第一，第三グループ）に代わって OTF による評価，とくに中間周波数，あるいはインフォーメイションボリュームによるものが新しい評価量となっていることがわかる．

8.5　物理的評価量と主観的評価量との関係

　レンズで得られる画像は最終的には目で観察され評価される．OTF で求められる評価量は物理的評価量であるから，どうしても主観的な評価との対応づけをしておく必要がある．これについてはまだ十分研究しつくされているとはいえず，今後の研究にまつところが多い．ここでは二，三の研究を紹介してお

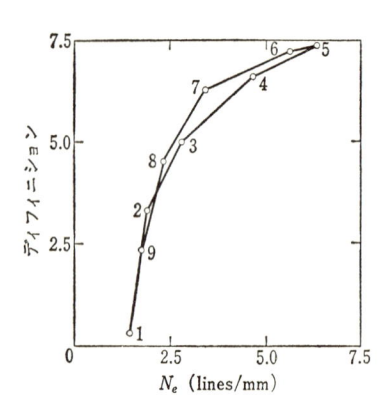

図 8.7 ディフィニションと MTF の 2乗積分値 (G. C. Higgins et al.[14])

写真像の鮮鋭度についての心理テストは R. E. Wolf, Higgins, 佐柳, 大上らの研究がある. Higgins[13] は OTF のわかった光学系による画像 (人物像) を 9 枚つくり一対比較法で良否を判定し, 式 (8.19) の N_e との関連を調べている. 図 8.7 に結果を示すが (図の数字は OTF の形), N_e と主観的評価は等歩度ではない. すなわち, N_e に差があっても主観的にはあまり差がない場合もある.

同様のテストをインフォーメイションボリュームについて佐柳[14]が行っている. 人物像についての例を図 8.8 に示す. 二次元のインフォーメイションボリューム V_2 は主観的評価量とよい対応がつくことが明らかにされた.

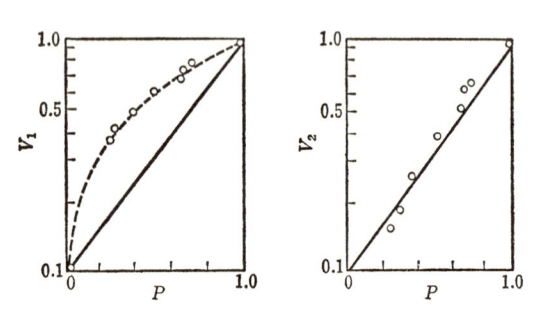

図 8.8 インフォーメイションボリュームと主観的評価量 (佐柳和男[14])
V_1: 一次元インフォーメイションボリューム,
V_2: 二次元インフォーメイションボリューム.

文献

1) B. K. Johnson: *Optical Design and Lens Computation*, p. 73 (Hatton Press,

London, 1948).
2) R. E. Hopkins, H. Kerr, T. Lauroesch and V. Carpenter: *NBS Circular*, **526** (1954), 183.
3) F. H. Perrin and J. H. Altman: *J. Opt. Soc. Am.*, **43** (1953), 780.
4) E. W. H. Selwyn: *NBS. Circular*, **526** (1954), 219.
5) *JOERA Circular*, **5** (1975), MTF の標準表示法（光学工業技術研究組合編）.
6) M. E. Rabedeau and A. D. Bates: *Appl Opt.*, **4** (1965), 439.
7) H. Kondo *et al.*: *Optica Acta*, **22** (1975), 353.
8) W. N. Sproson: *Ele. Radio Eng.*, **35** (1958), 124.
9) O. H. Schade: *NBS Circular*, **256** (1954), 231.
10) 佐柳和男：応用物理, **25** (1956), 189, 193, 443.
11) E. M. Linfoot: *Fourier Methods in Optical Image Evaluation* (Focal Press, London, 1960).
12) 竜岡静夫：応用物理, **32** (1963), 692.
13) G. C. Higgins *et al.*: *Optica Acta*, **6** (1959), 272.
14) 佐柳和男：Thesis：レスポンス関数による写真レンズの評価 (1961).

索引

ア

アイソプラナティックな範囲 ………… 5
acutance ……………………………… 206
アジムス ……………………………… 6
アポジゼイション …………………… 100
aliasing 誤差 ………………………… 148
amplitude transfer function …………42

イ

因果律 …………………………………74
インコヒーレント系の光学的振幅変調 …… 108
インコヒーレントな光 ………………… 4
インコヒーレントの状態 ………………53
インパルスレスポンス …………………76
インフォーメイションボリューム …… 216, 217

ウ

ウィーナースペクトル ………………… 174

エ

エアリーの円板 ………………………… 1
X-ray microscope ……………………22
エッジ像のグラディエント ………… 206
エッジレスポンス測定機 …………… 186
MTF の下限 ……………………………77
MTF の上限 ……………………………80
EROS 型可変周波数格子 …………… 178
EROS 型測定機 ……………………… 178
エンサークルドエネルギー ………… 203

オ

往復走査法 …………………………… 167
OTF
　——の位相 ………………………28
　——の表示 …………………… 211
　——の標準表示法 …………… 211
　　カスケードなレンズ系の—— ……46
　　焦点はずれ収差の—— ……… 133
　　斜め入射のときの—— ………44
　　部分コヒーレント光学系の—— ……65
　　無収差レンズの—— ……………41
OTF 測定機 …………………………… 177
optical transfer function (OTF) の定義 …28

カ

解像限界の周波数 ………………………10
解像力 ………………………………… 214
　——の改善 …………………… 100
解像力測定用のパターン …………… 207
解像力テスト ………………………… 219
改良サバール板 ……………………… 172
Gabor D. ………………………………24
干渉縞のコントラスト（モジュレイション）
　…………………………………………51
干渉法的像形成 …………………………91

キ

偽解像 ……………………………………10
幾何光学的 OTF …………………… 141
　——の計算 …………………… 134
幾何光学的波面 ……………………… 125
canonical coordinates …………………36
キャノンレンズアナライザー ……… 182
逆投影法 ……………………………… 163
逆フィルター ………………… 102, 104
共役像 ………………………………… 119
局在空間周波数 ……………………… 152

ク

空間周波数フィルターリング ……… 102
空間的コヒーレンス ……………………54
good definition ………………… 200, 202

コ

光学系の瞳 ………………………………31
光学的アナログフーリエ変換法 …… 162
光学的振幅変調 ………………… 81, 107

光学的フーリエ変換器 ……………………… 22
交照法 ………………………………………… 164
光線で囲まれた管 …………………………… 139
高速フーリエ変換 …………………………… 143
コヒーレンス度 ………………………………… 53
コヒーレント光学系の振幅変調 …………… 114
コヒーレントの状態 …………………………… 53
コヒーレントバックグラウンド法 …………… 24
コブチャート ………………………………… 208
コルトマン (Coltman) の換算式 ………… 160
混濁度 ………………………………………… 210
コントラスト ……………………………… 8, 158
Comb 関数 …………………………………… 148

サ

再回折光学系 ………………………………… 91
Sira …………………………………………… 178
錯乱円 ………………………………………… 135
サバール偏光器 ……………………………… 172
参照球面 ……………………………………… 126
サンプリングの間隔 ………………………… 149
サンプリングの定理 …………………… 82, 149
サンプル点の数 ……………………………… 149

シ

GSI …………………………………………… 186
JOERA ………………………………………… 187
JOERA-C-4 型測定機 ……………………… 180
Schade O. H. ………………………………… 40
シェアリング干渉 (lateral shearing
 interference) ……………………………… 169
時間的コヒーレンス …………………………… 54
閾 値
　フィルムのコントラストの── ………… 210
　眼のコントラストの── ………………… 208
閾値法 ………………………………………… 210
自己相関 ………………………………… 39, 173
自己相関法 …………………………… 129, 169
ジーメンススター …………………………… 161
射出瞳 ………………………………………… 31
しゃ断周波数 …………………………… 11, 149
しゃ断特性
　伝達関数の── …………………………… 77

sharp definition ……………………… 200, 201
主観的な評価 ………………………………… 219
瞬時周波数 …………………………………… 152
準単色光 ……………………………………… 52
焦点はずれの収差 …………………………… 130
　── の OTF ……………………………… 133
振幅変調 ……………………………………… 107
振幅変調格子 ………………………………… 81

ス

ストレールディフィニション ………… 202, 217
スペクトルレスポンス ……………………… 194
　── の相関色温度 ……………………… 196
スポットダイヤグラム ……………………… 140
スポットの半径 ……………………………… 217

セ

正弦波格子 …………………………………… 6
正投影法 ……………………………………… 158
接合積 ………………………………………… 4
セナルモン補償器 …………………………… 172
線　形 ………………………………………… 4
線像の強度分布 ……………………………… 6

ソ

像改良 ………………………………………… 98
　インコヒーレント光学系の── ………… 102
　コヒーレント光学系の── ……………… 103
相互強度 ………………………………… 49, 52
相互コヒーレンス …………………………… 50
相互相関 ……………………………………… 173
相互相関法 …………………………………… 173
走査法 ………………………………………… 21
側　線 ………………………………………… 100
側帯波 ………………………………………… 108
soft definition ………………………… 200, 202

タ

多色光 OTF ………………………………… 189
たたみこみ積分 ……………………………… 4
たたみこみの定理 …………………………… 25
縦収差 ………………………………………… 126
タンジェンシャル方向 ……………………… 6

索 引

チ

単色用干渉フィルター …… 190

忠実性
　——の改善 …… 100
　像の—— …… 214
超解像 …… 111, 114
直接像 …… 119

テ

ディジタルフーリエ変換法 …… 167
データ変調 …… 116
diffraction unit …… 35
diffraction limited な光学系 …… 98
definition …… 200
Duffuiex P. M. …… 6
電気的フーリエ変換法 …… 164
点 像
　——の幾何光学的強度分布 …… 142
　——の強度分布 …… 2
　——の振幅分布 …… 35

ト

投影テスト …… 219
透過型格子 …… 160
等価光源 …… 54
等価帯域幅 …… 216
transmission cross-coefficient …… 61
truncation 誤差 …… 168

ニ

ニコンシェヤリング干渉計 …… 184
二重像 …… 120
二重変換法 …… 145
　——の誤差 …… 152
二重露光修正用フィルター …… 106
入射瞳 …… 31

ハ

ハウレットチャート …… 208
白色光 OTF …… 188
波動光学的波面 …… 125
バビネの定理 …… 99

波 面 …… 126
　——の方向余弦 …… 127
波面収差 …… 125
　——の展開 …… 128
Van Cittert-Zernike の定理 …… 57
搬送波 …… 107
Van der Bijl 変調器 …… 118
反 転 …… 11

ヒ

光エネルギー …… 139
光錐体 …… 139
光の回折 …… 22
光の強さ …… 138
瞳関数 …… 35
　——の局在空間周波数 …… 152
非負の信号 …… 77
標準的再回折光学系 (f-f 配置) …… 97
ヒルベルト変換 …… 76

フ

phase transfer function …… 28
複スリット光学系 …… 87
複素コヒーレンス度 …… 53
　離散的光源の—— …… 56
　連続的光源の—— …… 56
復調光学系 …… 111
フーコーチャート …… 208
部分コヒーレントの状態 …… 54
fractional coordinate …… 35
Bragg W. L. …… 22
flux 密度 …… 138
フーリエ逆変換 …… 15
フーリエ級数展開 …… 12
フーリエ係数 …… 13
フーリエ合成 …… 16
フーリエスペクトル …… 15
フーリエ積分 …… 12
フーリエ分析 …… 19
フーリエペア …… 15
フーリエ変換
　——の位相 …… 16
　——の絶対値 …… 15

索引

フーリエ変換法 ················· 162
フーリエ変換面 ·················· 92
フレネル回折 ···················· 94
フレネル-キルヒホッフの回折の式 ······ 33
分光荷重関数 ·················· 193

ヘ

ヘリカルスリット ················ 166
偏光シェヤリング干渉法 ············ 172
変調比 ······················· 107

ホ

Poynting vector ················ 138
Hopkins H. H. ············ 35, 36, 40
ホログラフィ ················ 24, 118
ホログラフィックシェヤリング干渉法 ···· 175
ホログラム
　Gabor の—— ················ 119
　Leith, Upatnieks の—— ········· 120
ホログラムフィルター法 ············ 176

マ

マスキング法 ··················· 103
マルチフィルター法 ··············· 166

メ

メリット周波数 ·················· 216
面積型格子 ····················· 163

モ

モアレ縞 ················ 18, 109, 161

モジュレイション ················ 8
　複スリット光学系の—— ··········· 90
modulation transfer function ······ 28
モノフィルター法 ················ 166
モーメント ···················· 217

ヤ

ヤングの複スリット ··············· 51

ユ

有効露光量 ···················· 210

ヨ

横収差 ······················· 128

ラ

ラジアル方向 ···················· 6
ランドルチャート ················ 208

リ

離散的フーリエ変換 ··············· 144
粒状性
　写真フィルムの—— ·············· 209

レ

連続格子（局在空間周波数が連続的に変化する格子） ··················· 161

ロ

ローレンツ分布 ·················· 191

Memorandum

Memorandum

Memorandum

Memorandum

----- 著者紹介 -----

小ぉ 瀬せ 輝てる 次じ

  1947 年　東京大学第二工学部精密工学科卒業
      東京大学名誉教授・工学博士
  専　攻　応用光学

復刊　フーリエ結像論

検 印 廃 止

© 1979, 2013

1979 年 10 月 20 日　初　版 1 刷発行	著　者　小　瀬　輝　次
1990 年 9 月 15 日　初　版 3 刷発行	発行者　南　條　光　章
2013 年 6 月 10 日　復　刊 1 刷発行	東京都文京区小日向 4 丁目 6 番 19 号

NDC 535.87, 742.6, 425.9

発行所　東京都文京区小日向 4 丁目 6 番 19 号
   電話　東京 (03)3947-2511 番（代表）
   郵便番号 112-8700
   振替口座 00110-2-57035 番
   URL　http://www.kyoritsu-pub.co.jp/

共立出版株式会社

印刷・藤原印刷株式会社　　製本・中條製本

Printed in Japan

一般社団法人
自然科学書協会
会員

ISBN 978-4-320-03495-2

JCOPY ＜(社)出版者著作権管理機構委託出版物＞
本書の無断複写は著作権法上での例外を除き禁じられています．複写される場合は，そのつど事前に，(社)出版者著作権管理機構（電話 03-3513-6969, FAX 03-3513-6979, e-mail: info@jcopy.or.jp）の許諾を得てください．

カラー図解 物理学事典

Hans Breuer［著］ Rosemarie Breuer［図作］
杉原 亮・青野 修・今西文龍・中村快三・浜 満［訳］

ドイツ Deutscher Taschenbuch Verlag 社の『dtv-Atlas 事典シリーズ』は、見開き2ページで一つのテーマ（項目）が完結するように構成されている。右ページに本文の簡潔で分かり易い解説を記載し、左ページにそのテーマの中心的な話題を図像化して表現し、本文と図解の相乗効果で、より深い理解を得られように工夫されている。本書は、この事典シリーズのラインナップ『dtv-Atlas Physik』の日本語翻訳版であり、基礎物理学の要約を提供するものである。内容は、古典物理学から現代物理学まで物理学全般をカバーし、使われている記号、単位、専門用語、定数は国際基準に従っている。

■菊判・ソフト上製・412頁・定価5,775円 ≪日本図書館協会選定図書≫

ケンブリッジ 物理公式ハンドブック

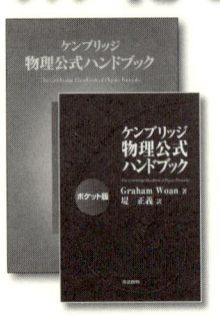

Graham Woan［著］／堤 正義［訳］

この『ケンブリッジ物理公式ハンドブック』は、物理科学・工学分野の学生や専門家向けに手早く参照できるように書かれた必須のクイックリファレンスである。数学、古典力学、量子力学、熱・統計力学、固体物理学、電磁気学、光学、天体物理学など学部の物理コースで扱われる 2,000 以上の最も役に立つ公式と方程式が掲載されている。詳細な索引により、素早く簡単に欲しい公式を発見することができ、独特の表形式により式に含まれているすべての変数を簡明に識別することが可能である。この度、多くの読者からの要望に応え、オリジナルのB5判に加えて、日々の学習や復習、仕事などに最適な、コンパクトで携帯に便利な "ポケット版（B6判）" を新たに発行。

■B5判・並製・298頁・定価3,465円／■B6判・並製・298頁・定価2,730円

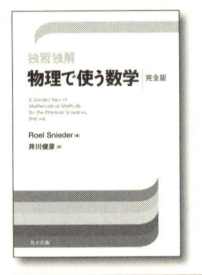

独習独解 物理で使う数学 完全版

Roel Snieder著・井川俊彦訳 物理学を学ぶ者に必要となる数学の知識と技術を分かり易く解説した物理数学（応用数学）の入門書。読者が自分で問題を解きながら一歩一歩進むように構成してある。それらの問題の中に基本となる数学の理論や物理学への応用が含まれている。内容はベクトル解析、線形代数、フーリエ解析、スケール解析、複素積分、グリーン関数、正規モード、テンソル解析、摂動論、次元論、変分論、積分の漸近解などである。 ■A5判・上製・576頁・定価5,775円

共立出版 http://www.kyoritsu-pub.co.jp/

税込価格（価格は変更される場合がございます）